投考公務員題解 EASY PASS 基本法測試

Mark Sir 著

第三版

Common Recruitment Examination and Basic Law Test

前言

根據香港政府公務員事務局近年的公佈，退休公務員人數近年持續增加，到2023年更是公務員退休的高峰期。

每年政府透過兩次CRE公務員綜合招聘考試招攬一眾精英，其中「基本法測試」旨在測試應徵者對《基本法》的認識。基本法測試的成績會用作評核應徵者整體表現的其中一個考慮因素，透過筆試或面試測試應徵者對《基本法》（包括所有附件及夾附的資料）的認識。

若然屬於學位或專業程度公務員職位的基本法測試，會由公務員事務局舉辦，並與綜合招聘考試同日進行。基本法測試的成績會佔應徵者整體表現評分的一個適當比重。

上述的基本法測試是一張設有中、英文版本的選擇題試卷，全卷共15題，考生須於20分鐘內完成。基本法測試並無設定及格分數，滿分為100分。公務員事務局會通知個別考生其基本法測試的成績，有關成績永久有效，並可用於申請學位或專業程度的公務員職位，或學歷要求於中五程度或以上，但低於學位程度的公務員職位。應徵者亦可選擇再次申請參加下一輪基本法測試。

因此，為要晉身成為薪優糧準的公務員團隊一員，不可缺的就是為招聘考試前作好準備。本書清晰詳列《基本法》條文，方便考生隨時翻閱，與歷屆重點試題反補充練習對應溫習，助你輕鬆掌握條文內容。

CONTENT 目錄

PART I CRE 輕鬆認識

公務員綜合招聘考試須知

綜合招聘考試（Common Recruitment Examination，簡稱CRE）包括3張各45分鐘的多項選擇題試卷，分別是：

1) 英文運用

2) 中文運用

3) 能力傾向測試

目的是評核考生的英、中語文能力及推理能力。英文運用及中文運用試卷的成績分為二級、一級或不及格，並以二級為最高等級；而能力傾向測試的成績則分為及格或不及格。英文運用及中文運用試卷的二級及一級成績和能力傾向測試的及格成績永久有效。

基本法測試

基本法測試是一張設有中英文版本的選擇題形式試卷，目的是測試考生的《基本法》知識。全卷共15題，考生須於20分鐘內完成。基本法測試並無設定及格分數，滿分為100分。

CRE考試形式

試卷的試題類型及題目數量如下：

試卷 (多項選擇題)	題目數量	時間	試題類型
中文運用	45題	45分鐘	- 閱讀理解 - 字詞辨識 - 句子辨析 - 詞句運用
英文運用 Use of English	40題	45分鐘	- Comprehension - Error Identification - Sentence Completion - Paragraph Improvement
能力傾向測試	35題	45分鐘	- 演繹推理 - Verbal Reasoning - Numerical Reasoning - Data Sufficiency Test - Interpretation of Tables and Graphs

公開試成績與豁免

香港中學文憑考試英國語文科第5級或以上成績，會獲接納為等同綜合招聘考試英文運用試卷的二級成績。香港中學文憑考試中國語文科第5級或以上成績會獲接納為等同綜合招聘考試中文運用試卷的二級成績。持有上述成績的申請人，將不會被安排應考英文運用及/ 或中文運用試卷。

香港高級程度會考英語運用科或General Certificate of Education (Advanced Level) (GCE A Level) English Language科C級或以上成績，會獲接納為等同綜合招聘考試英文運用試卷的二級成績。香港高級程度會考中國語文及文化、中國語言文學或中國語文科C級或以上成績會獲接納為等同綜合招聘考試中文運用試卷的二級成績。持有上述成績的申請人，將不會被安排應考英文運用及/或中文運用試卷。

因應職位要求而報考

香港中學文憑考試英國語文科第4級成績，會獲接納為等同綜合招聘考試英文運用試卷的一級成績。香港中學文憑考試中國語文科第4級成績會獲接納為等同綜合招聘考試中文運用試卷的一級成績。持有上述成績的申請人，可因應有意投考的公務員職位的要求，決定是否需要報考英文運用及/ 或中文運用試卷。

香港高級程度會考英語運用科或GCE A Level English Language科D級成績，會獲接納為等同綜合招聘考試英文運用試卷的一級成績。香港高級程度會考中國語文及文化、中國語言文學或中國語文科D級成績會獲接納為等同綜合招聘考試中文運用試卷的一級成績。持有上述成績的申請人，可因應有意投考的公務員職位的要求，決定是否需要報考英文運用及/或中文運用試卷。

在International English Language Testing System (IELTS)學術模式整體分級取得6.5或以上，並在同一次考試中各項個別分級取得不低於6的人士，在考試成績的兩年有效期內，其IELTS成績可獲接納為等同綜合招聘考試英文運用試卷的二級成績。持有上述成績的申請人，可據此決定是否需要報考英文運用試卷。

綜合招聘考試與公務員招聘

一般來説，應徵學位或專業程度公務員職位的人士，需在綜合招聘考試的英文運用及中文運用兩張試卷取得二級或一級成績，以符合有關職位的語文能力要求。個別招聘部門/職系會於招聘廣告中列明有關職位在英文運用及中文運用試卷所需的成績。在英文運用及中文運用試卷取得二級成績的應徵者，會被視為已符合所有學位或專業程度職系的一般語文能力要求。部分學位或專業程度公務員職位要求應徵者除具備英文運用及中文運用試卷的所需成績外，亦須在能力傾向測試中取得及格成績。

部分公務員職系（如紀律部隊職系）會按受聘者的學歷給予不同的入職起薪點。未具備所需的綜合招聘考試成績的學位持有人仍可申請這些職位，但不能獲得學位持有人的起薪點。

除非有關招聘廣告另有訂明，有意投考學位或專業程度公務員職位的人士，應先取得所需的綜合招聘考試成績。申請人可報考全部、任何一張或任何組合的試卷。申請人應先確定擬投考職位的要求及被接納為等同綜合招聘考試成績的其他考試成績，以決定所需報考的試卷。

綜合招聘考試與公務員職位的招聘程序是分開進行的。有意投考公務員職位的人士，應直接向招聘部門/職系提交職位申請。取得所需的綜合招聘考試成績並不代表考生已完全符合任何學位或專業程度公務員職位的入職要求。招聘部門/職系會核實職位申請人的學歷及/或專業資格，並可能在綜合招聘考試外，另設其他考試/面試。

基本法測試與公務員招聘

為提高大眾對《基本法》的認知和在社區推廣學習《基本法》的風氣，當局會測試應徵公務員職位人士的《基本法》知識。基本法測試的成績會用作評核應徵者整體表現的其中一個考慮因素。基本法測試的成績永久有效。考生可選擇再次申請參加下一輪基本法測試。

基本法測試與公務員職位的招聘是分開進行的。有意投考學位/專業程度公務員職系的應徵者，如打算參加基本法測試，應留意公務員事務局公布下次舉行基本法測試的日期。取得基本法測試成績並不代表考生已完全符合任何學位或專業程度公務員職位的入職要求。

公務員職系入職要求一覽

	職系	入職職級	英文運用	中文運用	能力傾向測試
1.	會計主任	二級會計主任	二級	二級	及格
2.	政務主任	政務主任	二級	二級	及格
3.	農業主任	助理農業主任／農業主任	一級	一級	及格
4.	系統分析／程序編製主任	二級系統分析／程序編製主任	二級	二級	及格
5.	建築師	助理建築師／建築師	一級	一級	及格
6.	政府檔案處主任	政府檔案處助理主任	二級	二級	-
7.	評税主任	助理評税主任	二級	二級	及格
8.	審計師	審計師	二級	二級	及格
9.	屋宇裝備工程師	助理屋宇裝備工程師／屋宇裝備工程師	一級	一級	及格
10.	屋宇測量師	助理屋宇測量師／屋宇測量師	一級	一級	及格
11.	製圖師	助理製圖師／製圖師	一級	一級	-
12.	化驗師	化驗師	一級	一級	及格
13.	臨床心理學家（衞生署、入境事務處）	臨床心理學家（衞生署、入境事務處）	一級	一級	-
14.	臨床心理學家（懲教署、香港警務處）	臨床心理學家（懲教署、香港警務處）	二級	二級	-
15.	臨床心理學家（社會福利署）	臨床心理學家（社會福利署）	二級	二級	及格
16.	法庭傳譯主任	法庭二級傳譯主任	二級	二級	及格
17.	館長	二級助理館長	二級	二級	-
18.	牙科醫生	牙科醫生	一級	一級	-
19.	營養科主任	營養科主任	一級	一級	-
20.	經濟主任	經濟主任	二級	二級	-
21.	教育主任（懲教署）	助理教育主任（懲教署）	一級	一級	-
22.	教育主任（教育局、社會福利署）	助理教育主任（教育局、社會福利署）	二級	二級	-
23.	教育主任（行政）	助理教育主任（行政）	二級	二級	-
24.	機電工程師（機電工程署）	助理機電工程師／機電工程師（機電工程署）	一級	一級	及格
25.	機電工程師（創新科技署）	助理機電工程師／機電工程師（創新科技署）	一級	一級	-
26.	電機工程師（水務署）	助理機電工程師／機電工程師（水務署）	一級	一級	及格
27.	電子工程師（民航署、機電工程署）	助理電子工程師／電子工程師（民航署、機電工程署）	一級	一級	及格
28.	電子工程師（創新科技署）	助理電子工程師／電子工程師（創新科技署）	一級	一級	-

	職系	入職職級	英文運用	中文運用	能力傾向測試
29.	工程師	助理工程師／工程師	一級	一級	及格
30.	娛樂事務管理主任	娛樂事務管理主任	二級	二級	及格
31.	環境保護主任	助理環境保護主任／環境保護主任	二級	二級	及格
32.	產業測量師	助理產業測量師／產業測量師	一級	一級	-
33.	審查主任	審查主任	二級	二級	及格
34.	行政主任	二級行政主任	二級	二級	及格
35.	學術主任	學術主任	一級	一級	-
36.	漁業主任	助理漁業主任／漁業主任	一級	一級	及格
37.	警察福利主任	警察助理福利主任	二級	二級	-
38.	林務主任	助理林務主任／林務主任	一級	一級	及格
39.	土力工程師	助理土力工程師／土力工程師	一級	一級	及格
40.	政府律師	政府律師	二級	一級	-
41.	政府車輛事務經理	政府車輛事務經理	一級	一級	-
42.	院務主任	二級院務主任	二級	二級	及格
43.	新聞主任（美術設計）／（攝影）	助理新聞主任（美術設計）／（攝影）	一級	一級	-
44.	新聞主任（一般工作）	助理新聞主任（一般工作）	二級	二級	及格
45.	破產管理主任	二級破產管理主任	二級	二級	及格
46.	督學（學位）	助理督學（學位）	二級	二級	-
47.	知識產權審查主任	二級知識產權審查主任	二級	二級	及格
48.	投資促進主任	投資促進主任	二級	二級	-
49.	勞工事務主任	二級助理勞工事務主任	二級	二級	及格
50.	土地測量師	助理土地測量師／土地測量師	一級	一級	-
51.	園境師	助理園境師／園境師	一級	一級	及格
52.	法律翻譯主任	法律翻譯主任	二級	二級	-
53.	法律援助律師	法律援助律師	二級	一級	及格
54.	圖書館館長	圖書館助理館長	二級	二級	及格
55.	屋宇保養測量師	助理屋宇保養測量師／屋宇保養測量師	一級	一級	及格
56.	管理參議主任	二級管理參議主任	二級	二級	及格
57.	文化工作經理	文化工作副經理	二級	二級	及格
58.	機械工程師	助理機械工程師／機械工程師	一級	一級	及格
59.	醫生	醫生	一級	一級	-
60.	職業環境衞生師	助理職業環境衞生師／職業環境衞生師	二級	二級	及格
61.	法定語文主任	二級法定語文主任	二級	二級	-

	職系	入職職級	英文運用	中文運用	能力傾向測試
62.	民航事務主任（民航行政管理）	助理民航事務主任（民航行政管理）/ 民航事務主任（民航行政管理）	二級	二級	及格
63.	防治蟲鼠主任	助理防治蟲鼠主任 / 防治蟲鼠主任	一級	一級	及格
64.	藥劑師	藥劑師	一級	一級	-
65.	物理學家	物理學家	一級	一級	及格
66.	規劃師	助理規劃師 / 規劃師	二級	二級	及格
67.	小學學位教師	助理小學學位教師	二級	二級	-
68.	工料測量師	助理工料測量師 / 工料測量師	一級	一級	及格
69.	規管事務經理	規管事務經理	一級	一級	-
70.	科學主任	科學主任	一級	一級	-
71.	科學主任（醫務）（衞生署）	科學主任（醫務）（衞生署）	一級	一級	-
72.	科學主任（醫務）（食物環境衞生署）	科學主任（醫務）（食物環境衞生署）	一級	一級	及格
73.	管理值班工程師	管理值班工程師	一級	一級	-
74.	船舶安全主任	船舶安全主任	一級	一級	-
75.	即時傳譯主任	即時傳譯主任	二級	二級	-
76.	社會工作主任	助理社會工作主任	二級	二級	及格
77.	律師	律師	二級	一級	-
78.	專責教育主任	二級專責教育主任	二級	二級	-
79.	言語治療主任	言語治療主任	一級	一級	-
80.	統計師	統計師	二級	二級	及格
81.	結構工程師	助理結構工程師 / 結構工程師	一級	一級	及格
82.	電訊工程師（香港警務處）	助理電訊工程師 / 電訊工程師（香港警務處）	一級	一級	-
83.	電訊工程師（通訊事務管理局辦公室）	助理電訊工程師 / 電訊工程師（通訊事務管理局辦公室）	一級	一級	及格
84.	電訊工程師（香港電台）	高級電訊工程師 /助理電訊工程師 / 電訊工程師（香港電台）	一級	一級	-
85.	電訊工程師（消防處）	高級電訊工程師（消防處）	一級	一級	-
86.	城市規劃師	助理城市規劃師 / 城市規劃師	二級	二級	及格
87.	貿易主任	二級助理貿易主任	二級	二級	及格
88.	訓練主任	二級訓練主任	二級	二級	及格
89.	運輸主任	二級運輸主任	二級	二級	及格
90.	庫務會計師	庫務會計師	二級	二級	及格
91.	物業估價測量師	助理物業估價測量師 / 物業估價測量師	一級	一級	及格
92.	水務化驗師	水務化驗師	一級	一級	及格

PART II 基本法概覽

背景

在1984年12月19日，中英兩國政府簽署了《中華人民共和國政府和大不列顛及北愛爾蘭聯合王國政府關於香港問題的中英聯合聲明》（下稱《聯合聲明》），當中載明中華人民共和國對香港的基本方針政策。根據「一國兩制」的原則，香港特別行政區不會實行社會主義制度和政策，香港原有的資本主義制度和生活方式，保持五十年不變。根據《聯合聲明》，這些基本方針政策將會規定於香港特別行政區基本法內。

《中華人民共和國香港特別行政區基本法》（下稱《基本法》）在1990年4月4日經中華人民共和國第七屆全國人民代表大會（下稱全國人民代表大會）通過，並已於1997年7月1日生效。

有關文件

《基本法》是香港特別行政區的憲制性文件，它以法律的形式，訂明「一國兩制」、「高度自治」和「港人治港」等重要理念，亦訂明了在香港特別行政區實行的各項制度。

《基本法》包括以下章節：

(a) 《基本法》正文，包括九個章節，160條條文；

(b) 附件一，訂明香港特別行政區行政長官的產生辦法；

(c) 附件二，訂明香港特別行政區立法會的產生辦法和表決程序；及

(d) 附件三，列明在香港特別行政區實施的全國性法律。

起草過程

負責起草《基本法》的委員會，成員包括了香港和內地人士。而在1985年成立的基本法諮詢委員會，成員則全屬香港人士，他們負責在香港徵求公眾對基本法草案的意見。

1988年4月，基本法起草委員會公布首份草案，基本法諮詢委員會隨即進行為期五個月的諮詢公眾工作。第二份草案在1989年2月公布，諮詢工作則在1989年10月結束。《基本法》連同香港特別行政區區旗和區徽圖案，由全國人民代表大會於1990年4月4日正式頒布。

香港特別行政區的藍圖

《基本法》為香港特別行政區勾劃了發展藍圖。下文載述中華人民共和國對香港特別行政區的基本方針政策的主要條文。

總則

- 香港特別行政區實行高度自治，享有行政管理權、立法權、獨立的司法權和終審權。（參考《基本法》第2條）
- 香港特別行政區的行政機關和立法機關由香港永久性居民組成。（參考《基本法》第3條）
- 香港特別行政區不實行社會主義制度和政策，保持原有的資本主義制度和生活方式，五十年不變。（參考《基本法》第5條）
- 香港原有法律，即普通法、衡平法、條例、附屬立法和習慣法，除同《基本法》相抵觸或經香港特別行政區的立法機關作出修改者外，予以保留。（參考《基本法》第8條）

中央和香港特別行政區的關係

- 中央人民政府負責管理香港特別行政區的防務和外交事務。（參考《基本法》第13至14條）
- 中央人民政府授權香港特別行政區自行處理有關的對外事務。（參考《基本法》第13條）
- 香港特別行政區政府負責維持香港特別行政區的社會治安。（參考《基本法》第14條）
- 全國性法律除列於《基本法》附件三者外，不在香港特別行政區實施。任何列於附件三的法律，限於有關國防、外交和其他不屬於香港特別行政區自治範圍的法律。凡列於附件三的法律，由香港特別行政區在當地公佈或立法實施。（參考《基本法》第18條）
- 中央人民政府所屬各部門、各省、自治區、直轄市均不得干預香港特別行政區根據《基本法》自行管理的事務。（參考《基本法》第22條）

保障權利和自由

- 香港特別行政區依法保護私有財產權。（參考《基本法》第6條）
- 香港居民在法律面前一律平等。香港特別行政區永久性居民依法享有選舉權和被選舉權。（參考《基本法》第25至26條）
- 香港居民的人身自由不受侵犯。（參考《基本法》第28條）
- 香港居民享有言論、新聞、出版的自由，結社、集會、遊行、示威、通訊、遷徙、信仰、宗教和婚姻自由，以及組織和參加工會、罷工的權利和自由。（參考《基本法》第27至38條）
- 《公民權利和政治權利國際公約》、《經濟、社會與文化權利的國際公約》和國際勞工公約適用於香港的有關規定繼續有效，通過香港特別行政區的法律予以實施。（參考《基本法》第39條）

政治體制

行政機關

- 香港特別行政區行政長官由年滿四十周歲，在香港通常居住連續滿二十年並在外國無居留權的香港特別行政區永久性居民中的中國公民擔任。（參考《基本法》第44條）
- 香港特別行政區行政長官在當地通過選舉或協商產生，由中央人民政府任命。行政長官的產生辦法根據香港特別行政區的實際情況和循序漸進的原則而規定，最終達至由一個有廣泛代表性的提名委員會按民主程序提名後普選產生的目標。（參考《基本法》第45條）
- 香港特別行政區政府必須遵守法律，對香港特別行政區立法會負責：執行立法會通過並已生效的法律；定期向立法會作施政報告；答覆立法會議員的質詢；徵稅和公共開支須經立法會批准。（參考《基本法》第64條）

立法機關

- 香港特別行政區立法會由選舉產生。立法會的產生辦法根據香港特別行政區的實際情況和循序漸進的原則而規定，最終達至全部議員由普選產生的目標。（參考《基本法》第68條）
- 香港特別行政區立法會的職權主要包括：
  制定、修改和廢除法律；
  根據政府的提案，審核、通過財政預算；
  批准稅收和公共開支；
  對政府的工作提出質詢；
  就任何有關公共利益問題進行辯論；
  同意終審法院法官和高等法院首席法官的任免。（參考《基本法》第73條）

司法機關

- 香港特別行政區的終審權屬於香港特別行政區終審法院。終審法院可根據需要邀請其他普通法適用地區的法官參加審判。（參考《基本法》第82條）
- 香港特別行政區法院獨立進行審判，不受任何干涉。（參考《基本法》第85條）
- 原在香港實行的陪審制度的原則予以保留。任何人在被合法拘捕後，享有盡早接受司法機關公正審判的權利，未經司法機關判罪之前均假定無罪。（參考《基本法》第86至87條）
- 香港特別行政區可與中華人民共和國其他地區的司法機關通過協商依法進行司法方面的聯繫和相互提供協助。在中央人民政府協助或授權下，香港特別行政區政府可與外國就司法互助關係作出適當安排。（參考《基本法》第95至96條）

經濟

- 香港特別行政區保持自由港、單獨的關税地區和國際金融中心的地位，繼續開放外匯、黃金、證券、期貨等市場和維持資金流動自由。（參考《基本法》第109/112/114/116條）
- 港元為香港特別行政區法定貨幣，繼續流通。港幣的發行權屬於香港特別行政區政府。（參考《基本法》第111條）
- 香港特別行政區實行自由貿易政策，保障貨物、無形財產和資本的流動自由。（參考《基本法》第115條）
- 香港特別行政區經中央人民政府授權繼續進行船舶登記，並以「中國香港」的名義頒發有關證件。香港特別行政區的私營航運及與航運有關的企業，可繼續自由經營。（參考《基本法》第125/127條）
- 香港特別行政區繼續實行原在香港實行的民用航空管理制度，

並設置自己的飛機登記冊。香港特別行政區在中央人民政府的授權下，可與外國或地區談判簽訂民用航空運輸協定。（參考《基本法》第129至134條）

教育、科學、文化、體育、宗教、勞工和社會服務

- 香港特別行政區自行制定有關發展和改進教育、科學技術、文化、體育、社會福利和勞工的政策。（參考《基本法》第136至147條）
- 香港特別行政區的教育、科學、技術、文化、藝術、體育、專業、醫療衛生、勞工、社會福利、社會工作等方面的民間團體和宗教組織可同世界各國、各地區及國際的有關團體和組織保持和發展關係，各該團體和組織可根據需要冠用「中國香港」的名義，參與有關活動。（參考《基本法》第149條）

對外事務

- 香港特別行政區可在經濟、貿易、金融、航運、通訊、旅遊、文化、體育等領域以「中國香港」的名義，單獨地同世界各國、各地區及有關國際組織保持和發展關係，簽訂和履行有關協議。（參考《基本法》第151條）
- 對以國家為單位參加的、同香港特別行政區有關的、適當領域的國際組織和國際會議，香港特別行政區政府可派遣代表作為中華人民共和國代表團的成員或以中央人民政府和上述有關國際組織或國際會議允許的身份參加，並以「中國香港」的名義發表意見。香港特別行政區可以「中國香港」的名義參加不以

國家為單位參加的國際組織和國際會議。（參考《基本法》第152條）

- 中華人民共和國締結的國際協議，中央人民政府可根據香港特別行政區的情況和需要，在徵詢香港特別行政區政府的意見後，決定是否適用於香港特別行政區。中華人民共和國尚未參加但已適用於香港的國際協議仍可繼續適用。中央人民政府根據需要授權或協助香港特別行政區政府作出適當安排，使其他有關國際協議適用於香港特別行政區。（參考《基本法》第153條）

基本法的解釋和修改

- 基本法》的解釋權屬於全國人民代表大會常務委員會。全國人民代表大會常務委員會授權香港特別行政區法院在審理案件時對《基本法》關於香港特別行政區自治範圍內的條款自行解釋。香港特別行政區法院在審理案件時對《基本法》的其他條款也可解釋。但如香港特別行政區法院在審理案件時需要對《基本法》關於中央人民政府管理的事務或中央和香港特別行政區關係的條款進行解釋，而該條款的解釋又影響到案件的判決，在對該案件作出不可上訴的終局判決前，應由香港特別行政區終審法院請全國人民代表大會常務委員會對有關條款作出解釋。（參考《基本法》第158條）
- 基本法》的修改權屬於全國人民代表大會。《基本法》的任何修改，均不得同中華人民共和國對香港既定的基本方針政策相抵觸。（參考《基本法》第159條）

PART III 基本法全文及相關文件

中華人民共和國主席令

第二十六號

《中華人民共和國香港特別行政區基本法》，包括附件一：《香港特別行政區行政長官的產生辦法》，附件二：《香港特別行政區立法會的產生辦法和表決程序》，附件三：《在香港特別行政區實施的全國性法律》，以及香港特別行政區區旗、區徽圖案，已由中華人民共和國第七屆全國人民代表大會第三次會議於1990年4月4日通過，現予公佈，自1997年7月1日起實施。

中華人民共和國主席　楊尚昆

1990年4月4日

中華人民共和國香港特別行政區基本法 *

（1990年4月4日第七屆全國人民代表大會第三次會議通過，1990年4月4日中華人民共和國主席令第二十六號公布，自1997年7月1日起施行）

註：

* 請同時參閱 -

a. 《全國人民代表大會關於〈中華人民共和國香港特別行政區基本法〉的決定》(1990 年 4 月 4 日第七屆全國人民代表大會第三次會議通過)(見文件九) 及

b. 《全國人民代表大會常務委員會關於〈中華人民共和國香港特別行政區基本法〉英文本的決定》(1990 年 6 月 28 日通過)(見文件十四)

第一章：總則

第一條

香港特別行政區是中華人民共和國不可分離的部分。

第二條

全國人民代表大會授權香港特別行政區依照本法的規定實行高度自治，享有行政管理權、立法權、獨立的司法權和終審權。

第三條

香港特別行政區的行政機關和立法機關由香港永久性居民依照本法有關規定組成。

第四條

香港特別行政區依法保障香港特別行政區居民和其他人的權利和自由。

第五條

香港特別行政區不實行社會主義制度和政策，保持原有的資本主義制度和生活方式，五十年不變。

第六條

香港特別行政區依法保護私有財產權。

第七條

香港特別行政區境內的土地和自然資源屬於國家所有，由香港特別行政區政府負責管理、使用、開發、出租或批給個人、法人或團體使用或開發，其收入全歸香港特別行政區政府支配。

第八條

香港原有法律，即普通法、衡平法、條例、附屬立法和習慣法，除同本法相抵觸或經香港特別行政區的立法機關作出修改者外，予以保留。

第九條

香港特別行政區的行政機關、立法機關和司法機關，除使用中文外，還可使用英文，英文也是正式語文。

第十條

香港特別行政區除懸掛中華人民共和國國旗和國徽外，還可使用香港特別行政區區旗和區徽。

香港特別行政區的區旗是五星花蕊的紫荊花紅旗。

香港特別行政區的區徽，中間是五星花蕊的紫荊花，周圍寫有「中華人民共和國香港特別行政區」和英文「香港」。

第十一條

根據中華人民共和國憲法第三十一條，香港特別行政區的制度和政策，包括社會、經濟制度，有關保障居民的基本權利和自由的制度，行政管理、立法和司法方面的制度，以及有關政策，均以本法的規定為依據。

香港特別行政區立法機關制定的任何法律，均不得同本法相抵觸。

第二章：中央和香港特別行政區的關係

第十二條

香港特別行政區是中華人民共和國的一個享有高度自治權的地方行政區域，直轄於中央人民政府。

第十三條

中央人民政府負責管理與香港特別行政區有關的外交事務。

中華人民共和國外交部在香港設立機構處理外交事務。

中央人民政府授權香港特別行政區依照本法自行處理有關的對外事務。

第十四條

中央人民政府負責管理香港特別行政區的防務。

香港特別行政區政府負責維持香港特別行政區的社會治安。

中央人民政府派駐香港特別行政區負責防務的軍隊不干預香港特別行政區的地方事務。香港特別行政區政府在必要時，可向中央人民政府請求駐軍協助維持社會治安和救助災害。

駐軍人員除須遵守全國性的法律外，還須遵守香港特別行政區的法律。

駐軍費用由中央人民政府負擔。

第十五條

中央人民政府依照本法第四章的規定任命香港特別行政區行政長官和行政機關的主要官員。

第十六條

香港特別行政區享有行政管理權，依照本法的有關規定自行處理香港特別行政區的行政事務。

第十七條

香港特別行政區享有立法權。

香港特別行政區的立法機關制定的法律須報全國人民代表大會常務委員會備案。備案不影響該法律的生效。

全國人民代表大會常務委員會在徵詢其所屬的香港特別行政區基本法委員會後，如認為香港特別行政區立法機關制定的任何法律不符合本法關於中央管理的事務及中央和香港特別行政區的關係的條款，可將有關法律發回，但不作修改。經全國人民代表大會常務委員會發回的法律立即失效。該法律的失效，除香港特別行政區的法律另有規定外，無溯及力。

第十八條

在香港特別行政區實行的法律為本法以及本法第八條規定的香港原有法律和香港特別行政區立法機關制定的法律。

全國性法律除列於本法附件三者外，不在香港特別行政區實施。凡列於本法附件三之法律，由香港特別行政區在當地公布或立法實施。

全國人民代表大會常務委員會在徵詢其所屬的香港特別行政區基本法委員會和香港特別行政區政府的意見後，可對列於本法附件三的法律作出增減，任何列入附件三的法律，限於有關國防、外交和其他按本法規定不屬於香港特別行政區自治範圍的法律。

全國人民代表大會常務委員會決定宣佈戰爭狀態或因香港特別行政區內發生香港特別行政區政府不能控制的危及國家統一或安全的動亂而決定香港特別行政區進入緊急狀態，中央人民政府可發佈命令將有關全國性法律在香港特別行政區實施。

第十九條

香港特別行政區享有獨立的司法權和終審權。

香港特別行政區法院除繼續保持香港原有法律制度和原則對法院審判權所作的限制外，對香港特別行政區所有的案件均有審判權。

香港特別行政區法院對國防、外交等國家行為無管轄權。香港特別行政區法院在審理案件中遇有涉及國防、外交等國家行為的事實問題，應取得行政長官就該等問題發出的證明文件，上述文件對法院有約束力。行政長官在發出證明文件前，須取得中央人民政府的證明書。

第二十條

香港特別行政區可享有全國人民代表大會和全國人民代表大會常務委員會及中央人民政府授予的其他權力。

第二十一條

香港特別行政區居民中的中國公民依法參與國家事務的管理。

根據全國人民代表大會確定的名額和代表產生辦法，由香港特別行政區居民中的中國公民在香港選出香港特別行政區的全國人民代表大會代表，參加最高國家權力機關的工作。

第二十二條

中央人民政府所屬各部門、各省、自治區、直轄市均不得干預香港特別行政區根據本法自行管理的事務。

中央各部門、各省、自治區、直轄市如需在香港特別行政區設立機構，須徵得香港特別行政區政府同意並經中央人民政府批准。

中央各部門、各省、自治區、直轄市在香港特別行政區設立的一切機構及其人員均須遵守香港特別行政區的法律。

*中國其他地區的人進入香港特別行政區須辦理批准手續，其中進入香港特別行政區定居的人數由中央人民政府主管部門徵求香港特別行政區政府的意見後確定。

香港特別行政區可在北京設立辦事機構。

第二十三條

香港特別行政區應自行立法禁止任何叛國、分裂國家、煽動叛亂、顛覆中央人民政府及竊取國家機密的行為，禁止外國的政治性組織或團體在香港特別行政區進行政治活動，禁止香港特別行政區的政治性組織或團體與外國的政治性組織或團體建立聯繫。

註 * 參閱《全國人民代表大會常務委員會關於〈中華人民共和國香港特別行政區基本法〉第二十二條第四款和第二十四條第二款第（三）項的解釋》(1999 年 6 月 26 日第九屆全國人民代表大會常務委員會第十次會議通過)(見文件十七)

第三章：居民的基本權利和義務

第二十四條

香港特別行政區居民，簡稱香港居民，包括永久性居民和非永久性居民。

「香港特別行政區永久性居民」為：

（一） 在香港特別行政區成立以前或以後在香港出生的中國公民

（二） 在香港特別行政區成立以前或以後在香港通常居住連續七年以上的中國公民

*（三）第（一）、（二）兩項所列居民在香港以外所生的中國籍子女

（四） 在香港特別行政區成立以前或以後持有效旅行證件進入香港、在香港通常居住連續七年以上並以香港為永久居住地的非中國籍的人

（五） 在香港特別行政區成立以前或以後第（四）項所列居民在香港所生的未滿二十一周歲的子女

（六） 第（一）至（五）項所列居民以外在香港特別行政區成立以前只在香港有居留權的人。

以上居民在香港特別行政區享有居留權和有資格依照香港特別行政區法律取得載明其居留權的永久性居民身份證。

香港特別行政區非永久性居民為：有資格依照香港特別行政區法律取得香港居民身份證，但沒有居留權的人。

第二十五條

香港居民在法律面前一律平等。

第二十六條

香港特別行政區永久性居民依法享有選舉權和被選舉權。

第二十七條

香港居民享有言論、新聞、出版的自由，結社、集會、遊行、示威的自由，組織和參加工會、罷工的權利和自由。

第二十八條

香港居民的人身自由不受侵犯。

香港居民不受任意或非法逮捕、拘留、監禁。禁止任意或非法搜查居民的身體、剝奪或限制居民的人身自由。禁止對居民施行酷刑、任意或非法剝奪居民的生命。

第二十九條

香港居民的住宅和其他房屋不受侵犯。禁止任意或非法搜查、侵入居民的住宅和其他房屋。

第三十條

香港居民的通訊自由和通訊秘密受法律的保護。除因公共安全和追查刑事犯罪的需要，由有關機關依照法律程序對通訊進行檢查外，任何部門或個人不得以任何理由侵犯居民的通訊自由和通訊秘密。

第三十一條

香港居民有在香港特別行政區境內遷徙的自由，有移居其他國家和地區的自由。香港居民有旅行和出入境的自由。有效旅行證件的持有人，除非受到法律制止，可自由離開香港特別行政區，無需特別批准。

第三十二條

香港居民有信仰的自由。

香港居民有宗教信仰的自由，有公開傳教和舉行、參加宗教活動的自由。

第三十三條

香港居民有選擇職業的自由。

第三十四條

香港居民有進行學術研究、文學藝術創作和其他文化活動的自由。

第三十五條

香港居民有權得到秘密法律諮詢、向法院提起訴訟、選擇律師及時保護自己的合法權益或在法庭上為其代理和獲得司法補救。

香港居民有權對行政部門和行政人員的行為向法院提起訴訟。

第三十六條

香港居民有依法享受社會福利的權利。勞工的福利待遇和退休保障受法律保護。

第三十七條

香港居民的婚姻自由和自願生育的權利受法律保護。

第三十八條

香港居民享有香港特別行政區法律保障的其他權利和自由。

第三十九條

《公民權利和政治權利國際公約》、《經濟、社會與文化權利的國際公約》和國際勞工公約適用於香港的有關規定繼續有效，通過香港特別行政區的法律予以實施。

香港居民享有的權利和自由，除依法規定外不得限制，此種限制不得與本條第一款規定抵觸。

第四十條

「新界」原居民的合法傳統權益受香港特別行政區的保護。

第四十一條

在香港特別行政區境內的香港居民以外的其他人，依法享有本章規定的香港居民的權利和自由。

第四十二條

香港居民和在香港的其他人有遵守香港特別行政區實行的法律的義務。

註：* 參閱《全國人民代表大會常務委員會關於〈中華人民共和國香港特別行政區基本法〉第二十二條第四款和第二十四條第二款第（三）項的解釋》（1999年6月26日第九屆全國人民代表大會常務委員會第十次會議通過）（見文件十七）

第四章：政治體制

第一節：行政長官

第四十三條

香港特別行政區行政長官是香港特別行政區的首長，代表香港特別行政區。

香港特別行政區行政長官依照本法的規定對中央人民政府和香港特別行政區負責。

第四十四條

香港特別行政區行政長官由年滿四十周歲，在香港通常居住連續滿二十年並在外國無居留權的香港特別行政區永久性居民中的中國公民擔任。

第四十五條

香港特別行政區行政長官在當地通過選舉或協商產生，由中央人民政府任命。

行政長官的產生辦法根據香港特別行政區的實際情況和循序漸進的原則而規定，最終達至由一個有廣泛代表性的提名委員會按民主程序提名後普選產生的目標。

行政長官產生的具體辦法由附件一《香港特別行政區行政長官的產生辦法》規定。

第四十六條

香港特別行政區行政長官任期五年，可連任一次。

第四十七條

香港特別行政區行政長官必須廉潔奉公、盡忠職守。

行政長官就任時應向香港特別行政區終審法院首席法官申報財產，記錄在案。

第四十八條

香港特別行政區行政長官行使下列職權：

（一） 領導香港特別行政區政府

（二） 負責執行本法和依照本法適用於香港特別行政區的其他法律

（三） 簽署立法會通過的法案，公布法律

簽署立法會通過的財政預算案，將財政預算、決算報中央人民政府備案

（四） 決定政府政策和發布行政命令

（五） 提名並報請中央人民政府任命下列主要官員：各司司長、副司長，各局局長，廉政專員，審計署署長，警務處處長，入境事

務處處長，海關關長；建議中央人民政府免除上述官員職務

(六) 依照法定程序任免各級法院法官

(七) 依照法定程序任免公職人員

(八) 執行中央人民政府就本法規定的有關事務發出的指令

(九) 代表香港特別行政區政府處理中央授權的對外事務和其他事務

(十) 批准向立法會提出有關財政收入或支出的動議

(十一) 根據安全和重大公共利益的考慮，決定政府官員或其他負責政府公務的人員是否向立法會或其屬下的委員會作證和提供證據

(十二) 赦免或減輕刑事罪犯的刑罰

(十三) 處理請願、申訴事項

第四十九條

香港特別行政區行政長官如認為立法會通過的法案不符合香港特別行政區的整體利益，可在三個月內將法案發回立法會重議，立法會如以不少於全體議員三分之二多數再次通過原案，行政長官必須在一個月內簽署公佈或按本法第五十條的規定處理。

第五十條

香港特別行政區行政長官如拒絕簽署立法會再次通過的法案或立法會拒絕通過政府提出的財政預算案或其他重要法案，經協商仍不能取得一致意見，行政長官可解散立法會。

行政長官在解散立法會前，須徵詢行政會議的意見。行政長官在其一任任期內只能解散立法會一次。

第五十一條

香港特別行政區立法會如拒絕批准政府提出的財政預算案，行政長官可向立法會申請臨時撥款。如果由於立法會已被解散而不能批准撥款，行政長官可在選出新的立法會前的一段時期內，按上一財政年度的開支標

準，批准臨時短期撥款。

第五十二條

香港特別行政區行政長官如有下列情況之一者必須辭職：

（一） 因嚴重疾病或其他原因無力履行職務

（二） 因兩次拒絕簽署立法會通過的法案而解散立法會，重選的立法會仍以全體議員三分之二多數通過所爭議的原案，而行政長官仍拒絕簽署

（三） 因立法會拒絕通過財政預算案或其他重要法案而解散立法會，重選的立法會繼續拒絕通過所爭議的原案

第五十三條

香港特別行政區行政長官短期不能履行職務時，由政務司長、財政司長、律政司長依次臨時代理其職務。

*行政長官缺位時，應在六個月內依本法第四十五條的規定產生新的行政長官。行政長官缺位期間的職務代理，依照上款規定辦理。

第五十四條

香港特別行政區行政會議是協助行政長官決策的機構。

第五十五條

香港特別行政區行政會議的成員由行政長官從行政機關的主要官員、立法會議員和社會人士中委任，其任免由行政長官決定。行政會議成員的任期應不超過委任他的行政長官的任期。

香港特別行政區行政會議成員由在外國無居留權的香港特別行政區永久性居民中的中國公民擔任。

行政長官認為必要時可邀請有關人士列席會議。

第五十六條
香港特別行政區行政會議由行政長官主持。
行政長官在作出重要決策、向立法會提交法案、制定附屬法規和解散立法會前，須徵詢行政會議的意見，但人事任免、紀律制裁和緊急情況下採取的措施除外。
行政長官如不採納行政會議多數成員的意見，應將具體理由記錄在案。

第五十七條
香港特別行政區設立廉政公署，獨立工作，對行政長官負責。

第五十八條
香港特別行政區設立審計署，獨立工作，對行政長官負責。

第二節：行政機關
第五十九條
香港特別行政區政府是香港特別行政區行政機關。

第六十條
香港特別行政區政府的首長是香港特別行政區行政長官。
香港特別行政區政府設政務司、財政司、律政司、和各局、處、署。

第六十一條
香港特別行政區的主要官員由在香港通常居住連續滿十五年並在外國無居留權的香港特別行政區永久性居民中的中國公民擔任。

第六十二條
香港特別行政區政府行使下列職權：

（一） 制定並執行政策
（二） 管理各項行政事務
（三） 辦理本法規定的中央人民政府授權的對外事務
（四） 編制並提出財政預算、決算
（五） 擬定並提出法案、議案、附屬法規
（六） 委派官員列席立法會並代表政府發言

第六十三條

香港特別行政區律政司主管刑事檢察工作，不受任何干涉。

第六十四條

香港特別行政區政府必須遵守法律，對香港特別行政區立法會負責：執行立法會通過並已生效的法律；定期向立法會作施政報告；答覆立法會議員的質詢；徵税和公共開支須經立法會批准。

第六十五條

原由行政機關設立諮詢組織的制度繼續保留。

第三節：立法機關

第六十六條

香港特別行政區立法會是香港特別行政區的立法機關。

第六十七條

香港特別行政區立法會由在外國無居留權的香港特別行政區永久性居民中的中國公民組成。但非中國籍的香港特別行政區永久性居民和在外國有居留權的香港特別行政區永久性居民也可以當選為香港特別行政區立法會議員，其所佔比例不得超過立法會全體議員的百分之二十。

第六十八條

香港特別行政區立法會由選舉產生。

立法會的產生辦法根據香港特別行政區的實際情況和循序漸進的原則而規定，最終達至全部議員由普選產生的目標。

立法會產生的具體辦法和法案、議案的表決程序由附件二《香港特別行政區立法會的產生辦法和表決程序》規定。

第六十九條

香港特別行政區立法會除第一屆任期為兩年外，每屆任期四年。

第七十條

香港特別行政區立法會如經行政長官依本法規定解散，須於三個月內依本法第六十八條的規定，重行選舉產生。

第七十一條

香港特別行政區立法會主席由立法會議員互選產生。

香港特別行政區立法會主席由年滿四十周歲，在香港通常居住連續滿二十年並在外國無居留權的香港特別行政區永久性居民中的中國公民擔任。

第七十二條

香港特別行政區立法會主席行使下列職權：

(一)　主持會議

(二)　決定議程，政府提出的議案須優先列入議程

(三)　決定開會時間

(四)　在休會期間可召開特別會議

(五)　應行政長官的要求召開緊急會議

(六)　立法會議事規則所規定的其他職權

第七十三條

香港特別行政區立法會行使下列職權：

（一） 根據本法規定並依照法定程序制定、修改和廢除法律

（二） 根據政府的提案，審核、通過財政預算

（三） 批准稅收和公共開支

（四） 聽取行政長官的施政報告並進行辯論

（五） 對政府的工作提出質詢

（六） 就任何有關公共利益問題進行辯論

（七） 同意終審法院法官和高等法院首席法官的任免

（八） 接受香港居民申訴並作出處理

（九） 如立法會全體議員的四分之一聯合動議，指控行政長官有嚴重違法或瀆職行為而不辭職，經立法會通過進行調查，立法會可委托終審法院首席法官負責組成獨立的調查委員會，並擔任主席。調查委員會負責進行調查，並向立法會提出報告。如該調查委員會認為有足夠證據構成上述指控，立法會以全體議員三分之二多數通過，可提出彈劾案，報請中央人民政府決定

（十） 在行使上述各項職權時，如有需要，可傳召有關人士出席作證和提供證據

第七十四條

香港特別行政區立法會議員根據本法規定並依照法定程序提出法律草案，凡不涉及公共開支或政治體制或政府運作者，可由立法會議員個別或聯名提出。凡涉及政府政策者，在提出前必須得到行政長官的書面同意。

第七十五條

香港特別行政區立法會舉行會議的法定人數為不少於全體議員的二分之一。

立法會議事規則由立法會自行制定，但不得與本法相抵觸。

第七十六條

香港特別行政區立法會通過的法案，須經行政長官簽署、公佈，方能生效。

第七十七條

香港特別行政區立法會議員在立法會的會議上發言，不受法律追究。

第七十八條

香港特別行政區立法會議員出席會議時和赴會途中不受逮捕。

第七十九條

香港特別行政區立法會議員如有下列情況之一，由立法會主席宣告其喪失立法會議員的資格：

(一) 因嚴重疾病或其他情況無力履行職務

(二) 未得到立法會主席的同意，連續三個月不出席會議而無合理解釋者

(三) 喪失或放棄香港特別行政區永久性居民的身份

(四) 接受政府的委任而出任公務人員

(五) 破產或經法庭裁定償還債務而不履行

(六) 在香港特別行政區區內或區外被判犯有刑事罪行，判處監禁一個月以上，並經立法會出席會議的議員三分之二通過解除其職務

(七) 行為不檢或違反誓言而經立法會出席會議的議員三分之二通過譴責

第四節：司法機關

第八十條

香港特別行政區各級法院是香港特別行政區的司法機關，行使香港特別行政區的審判權。

第八十一條

香港特別行政區設立終審法院、高等法院、區域法院、裁判署法庭和其他專門法庭。高等法院設上訴法庭和原訟法庭。

原在香港實行的司法體制，除因設立香港特別行政區終審法院而產生變化外，予以保留。

第八十二條

香港特別行政區的終審權屬於香港特別行政區終審法院。終審法院可根據需要邀請其他普通法適用地區的法官參加審判。

第八十三條

香港特別行政區的各級法院的組織和職權由法律規定。

第八十四條

香港特別行政區法院依照本法第十八條所規定的適用於香港特別行政區的法律審判案件，其他普通法適用地區的司法判例可作參考。

第八十五條

香港特別行政區法院獨立進行審判，不受任何干涉，司法人員履行審判職責的行為不受法律追究。

第八十六條
原在香港實行的陪審制度的原則予以保留。

第八十七條
香港特別行政區的刑事訴訟和民事訴訟中保留原在香港適用的原則和當事人享有的權利。

任何人在被合法拘捕後，享有盡早接受司法機關公正審判的權利，未經司法機關判罪之前均假定無罪。

第八十八條
香港特別行政區法院的法官，根據當地法官和法律界及其他方面知名人士組成的獨立委員會推薦，由行政長官任命。

第八十九條
香港特別行政區法院的法官只有在無力履行職責或行為不檢的情況下，行政長官才可根據終審法院首席法官任命的不少於三名當地法官組成的審議庭的建議，予以免職。

香港特別行政區終審法院的首席法官只有在無力履行職責或行為不檢的情況下，行政長官才可任命不少於五名當地法官組成的審議庭進行審議，並可根據其建議，依照本法規定的程序，予以免職。

第九十條
香港特別行政區終審法院和高等法院的首席法官，應由在外國無居留權的香港特別行政區永久性居民中的中國公民擔任。

除本法第八十八條和第八十九條規定的程序外，香港特別行政區終審法院的法官和高等法院首席法官的任命或免職，還須由行政長官徵得立法會同意，並報全國人民代表大會常務委員會備案。

第九十一條

香港特別行政區法官以外的其他司法人員原有的任免制度繼續保持。

第九十二條

香港特別行政區的法官和其他司法人員，應根據其本人的司法和專業才能選用，並可從其他普通法適用地區聘用。

第九十三條

香港特別行政區成立前在香港任職的法官和其他司法人員均可留用，其年資予以保留，薪金、津貼、福利待遇和服務條件不低於原來的標準。

對退休或符合規定離職的法官和其他司法人員，包括香港特別行政區成立前已退休或離職者，不論其所屬國籍或居住地點，香港特別行政區政府按不低於原來的標準，向他們或其家屬支付應得的退休金、酬金、津貼和福利費。

第九十四條

香港特別行政區政府可參照原在香港實行的辦法，作出有關當地和外來的律師在香港特別行政區工作和執業的規定。

第九十五條

香港特別行政區可與全國其他地區的司法機關通過協商依法進行司法方面的聯繫和相互提供協助。

第九十六條

在中央人民政府協助或授權下，香港特別行政區政府可與外國就司法互助關係作出適當安排。

第五節：區域組織

第九十七條

香港特別行政區可設立非政權性的區域組織，接受香港特別行政區政府就有關地區管理和其他事務的諮詢，或負責提供文化、康樂、環境衛生等服務。

第九十八條

區域組織的職權和組成方法由法律規定。

第六節：公務人員

第九十九條

在香港特別行政區政府各部門任職的公務人員必須是香港特別行政區永久性居民。本法第一百零一條對外籍公務人員另有規定者或法律規定某一職級以下者不在此限。

公務人員必須盡忠職守，對香港特別行政區政府負責。

第一百條

香港特別行政區成立前在香港政府各部門，包括警察部門任職的公務人員均可留用，其年資予以保留，薪金、津貼、福利待遇和服務條件不低於原來的標準。

第一百零一條

香港特別行政區政府可任用原香港公務人員中的或持有香港特別行政區永久性居民身份證的英籍和其他外籍人士擔任政府部門的各級公務人

員，但下列各職級的官員必須由在外國無居留權的香港特別行政區永久性居民中的中國公民擔任：各司司長、副司長、各局局長、廉政專員、審計署署長、警務處處長、入境事務處處長、海關關長。

香港特別行政區政府還可聘請英籍和其他外籍人士擔任政府部門的顧問，必要時並可從香港特別行政區以外聘請合格人員擔任政府部門的專門和技術職務。上述外籍人士只能以個人身份受聘，對香港特別行政區政府負責。

第一百零二條

對退休或符合規定離職的公務人員，包括香港特別行政區成立前退休或符合規定離職的公務人員，不論其所屬國籍或居住地點，香港特別行政區政府按不低於原來的標準向他們或其家屬支付應得的退休金、酬金、津貼和福利費。

第一百零三條

公務人員應根據其本人的資格、經驗和才能予以任用和提升，香港原有關於公務人員的招聘、僱用、考核、紀律、培訓和管理的制度，包括負責公務人員的任用、薪金、服務條件的專門機構，除有關給予外籍人員特權待遇的規定外，予以保留。

第一百零四條

香港特別行政區行政長官、主要官員、行政會議成員、立法會議員、各級法院法官和其他司法人員在就職時必須依法宣誓擁護中華人民共和國香港特別行政區基本法，效忠中華人民共和國香港特別行政區。

註：

* 參閱《全國人民代表大會常務委員會關於〈中華人民共和國香港特別行政區基本法〉第五十三條第二款的解釋》(2005 年 4 月 27 日第十屆全國人民代表大會常務委員會第十五次會議通過)(見文件二十)

第五章：經濟

第一節：財政、金融、貿易和工商業

第一百零五條

香港特別行政區依法保護私人和法人財產的取得、使用、處置和繼承的權利，以及依法徵用私人和法人財產時被徵用財產的所有人得到補償的權利。

徵用財產的補償應相當於該財產當時的實際價值，可自由兑換，不得無故遲延支付。

企業所有權和外來投資均受法律保護。

第一百零六條

香港特別行政區保持財政獨立。

香港特別行政區的財政收入全部用於自身需要，不上繳中央人民政府。

中央人民政府不在香港特別行政區徵稅。

第一百零七條

香港特別行政區的財政預算以量入為出為原則，力求收支平衡，避免赤字，並與本地生產總值的增長率相適應。

第一百零八條

香港特別行政區實行獨立的税收制度。

香港特別行政區參照原在香港實行的低税政策，自行立法規定税種、税率、税收寬免和其他税務事項。

第一百零九條

香港特別行政區政府提供適當的經濟和法律環境，以保持香港的國際金融中心地位。

第一百一十條

香港特別行政區的貨幣金融制度由法律規定。

香港特別行政區政府自行制定貨幣金融政策，保障金融企業和金融市場的經營自由，並依法進行管理和監督。

第一百一十一條

港元為香港特別行政區法定貨幣，繼續流通。

港幣的發行權屬於香港特別行政區政府。港幣的發行須有百分之百的準備金。港幣的發行制度和準備金制度，由法律規定。

香港特別行政區政府，在確知港幣的發行基礎健全和發行安排符合保持港幣穩定的目的的條件下，可授權指定銀行根據法定權限發行或繼續發行港幣。

第一百一十二條

香港特別行政區不實行外匯管制政策。港幣自由兑換。繼續開放外匯、黃金、證券、期貨等市場。

香港特別行政區政府保障資金的流動和進出自由。

第一百一十三條

香港特別行政區的外匯基金，由香港特別行政區政府管理和支配，主要用於調節港元匯價。

第一百一十四條

香港特別行政區保持自由港地位，除法律另有規定外，不徵收關稅。

第一百一十五條

香港特別行政區實行自由貿易政策，保障貨物、無形財產和資本的流動自由。

第一百一十六條

香港特別行政區為單獨的關稅地區。

香港特別行政區可以「中國香港」的名義參加《關稅和貿易總協定》、關於國際紡織品貿易安排等有關國際組織和國際貿易協定，包括優惠貿易安排。

香港特別行政區所取得的和以前取得仍繼續有效的出口配額、關稅優惠和達成的其他類似安排，全由香港特別行政區享有。

第一百一十七條

香港特別行政區根據當時的產地規則，可對產品簽發產地來源證。

第一百一十八條

香港特別行政區政府提供經濟和法律環境，鼓勵各項投資、技術進步並開發新興產業。

第一百一十九條

香港特別行政區政府制定適當政策，促進和協調製造業、商業、旅遊業、房地產業、運輸業、公用事業、服務性行業、漁農業等各行業的發展，並注意環境保護。

第二節：土地契約

第一百二十條

香港特別行政區成立以前已批出、決定、或續期的超越一九九七年六月三十日年期的所有土地契約和與土地契約有關的一切權利，均按香港特別行政區的法律繼續予以承認和保護。

第一百二十一條

從一九八五年五月二十七日至一九九七年六月三十日期間批出的，或原沒有續期權利而獲得續期的，超出一九九七年六月三十日年期而不超過二〇四七年六月三十日的一切土地契約，承租人從一九九七年七月一日起不補地價，但需每年繳納相當於當日該土地應課差餉租值百分之三的租金。此後，隨應課差餉租值的改變而調整租金。

第一百二十二條

原舊批約地段、鄉村屋地、丁屋地和類似的農村土地，如該土地在一九八四年六月三十日的承租人，或在該日以後批出的丁屋地承租人，其父系為一八九八年在香港的原有鄉村居民，只要該土地的承租人仍為該人或其合法父系繼承人，原定租金維持不變。

第一百二十三條

香港特別行政區成立以後滿期而沒有續期權利的土地契約，由香港特別行政區自行制定法律和政策處理。

第三節：航運

第一百二十四條

香港特別行政區保持原在香港實行的航運經營和管理體制，包括有關海員的管理制度。

香港特別行政區政府自行規定在航運方面的具體職能和責任。

第一百二十五條

香港特別行政區經中央人民政府授權繼續進行船舶登記，並根據香港特別行政區的法律以「中國香港」的名義頒發有關證件。

第一百二十六條

除外國軍用船隻進入香港特別行政區須經中央人民政府特別許可外，其他船舶可根據香港特別行政區法律進出其港口。

第一百二十七條

香港特別行政區的私營航運及與航運有關的企業和私營集裝箱碼頭，可繼續自由經營。

第四節：民用航空

第一百二十八條

香港特別行政區政府應提供條件和採取措施，以保持香港的國際和區域航空中心的地位。

第一百二十九條

香港特別行政區繼續實行原在香港實行的民用航空管理制度，並按中央人民政府關於飛機國籍標誌和登記標誌的規定，設置自己的飛機登記冊。

外國國家航空器進入香港特別行政區須經中央人民政府特別許可。

第一百三十條

香港特別行政區自行負責民用航空的日常業務和技術管理，包括機場管理，在香港特別行政區飛行情報區內提供空中交通服務，和履行國際民用航空組織的區域性航行規劃程序所規定的其他職責。

第一百三十一條

中央人民政府經同香港特別行政區政府磋商作出安排，為在香港特別行政區註冊並以香港為主要營業地的航空公司和中華人民共和國的其他航空公司，提供香港特別行政區和中華人民共和國其他地區之間的往返航班。

第一百三十二條

凡涉及中華人民共和國其他地區同其他國家和地區的往返並經停香港特別行政區的航班，和涉及香港特別行政區同其他國家和地區的往返並經停中華人民共和國其他地區航班的民用航空運輸協定，由中央人民政府簽訂。

中央人民政府在簽訂本條第一款所指民用航空運輸協定時，應考慮香港特別行政區的特殊情況和經濟利益，並同香港特別行政區政府磋商。

中央人民政府在同外國政府商談有關本條第一款所指航班的安排時，香港特別行政區政府的代表可作為中華人民共和國政府代表團的成員參加。

第一百三十三條

香港特別行政區政府經中央人民政府具體授權可：

（一）續簽或修改原有的民用航空運輸協定和協議

（二）談判簽訂新的民用航空運輸協定，為在香港特別行政區註冊並以香港為主要營業地的航空公司提供航線，及過境和技術停降權利

（三）同沒有簽訂民用航空運輸協定的外國或地區談判簽訂臨時協議

不涉及往返、經停中國內地而只往返、經停香港的定期航班，均由本條所指的民用航空運輸協定或臨時協議予以規定。

第一百三十四條

中央人民政府授權香港特別行政區政府：

（一）同其他當局商談並簽訂有關執行本法第一百三十三條所指民用航空運輸協定和臨時協議的各項安排

（二）對在香港特別行政區註冊並以香港為主要營業地的航空公司簽發執照

（三）依照本法第一百三十三條所指民用航空運輸協定和臨時協議指定航空公司

（四）對外國航空公司除往返、經停中國內地的航班以外的其他航班簽發許可證

第一百三十五條
香港特別行政區成立前在香港註冊並以香港為主要營業地的航空公司和與民用航空有關的行業，可繼續經營。

第六章：教育、科學、文化、體育、宗教、勞工和社會服務

第一百三十六條
香港特別行政區政府在原有教育制度的基礎上，自行制定有關教育的發展和改進的政策，包括教育體制和管理、教學語言、經費分配、考試制度、學位制度和承認學歷等政策。

社會團體和私人可依法在香港特別行政區興辦各種教育事業。

第一百三十七條
各類院校均可保留其自主性並享有學術自由，可繼續從香港特別行政區以外招聘教職員和選用教材。宗教組織所辦的學校可繼續提供宗教教育，包括開設宗教課程。

學生享有選擇院校和在香港特別行政區以外求學的自由。

第一百三十八條
香港特別行政區政府自行制定發展中西醫藥和促進醫療衛生服務的政策。社會團體和私人可依法提供各種醫療衛生服務。

第一百三十九條
香港特別行政區政府自行制定科學技術政策，以法律保護科學技術的研究成果、專利和發明創造。

香港特別行政區政府自行確定適用於香港的各類科學、技術標準和規格。

第一百四十條

香港特別行政區政府自行制定文化政策，以法律保護作者在文學藝術創作中所獲得的成果和合法權益。

第一百四十一條

香港特別行政區政府不限制宗教信仰自由，不干預宗教組織的內部事務，不限制與香港特別行政區法律沒有抵觸的宗教活動。

宗教組織依法享有財產的取得、使用、處置、繼承以及接受資助的權利。財產方面的原有權益仍予保持和保護。

宗教組織可按原有辦法繼續興辦宗教院校、其他學校、醫院和福利機構以及提供其他社會服務。

香港特別行政區的宗教組織和教徒可與其他地方的宗教組織和教徒保持和發展關係。

第一百四十二條

香港特別行政區政府在保留原有的專業制度的基礎上，自行制定有關評審各種專業的執業資格的辦法。

在香港特別行政區成立前已取得專業和執業資格者，可依據有關規定和專業守則保留原有的資格。

香港特別行政區政府繼續承認在特別行政區成立前已承認的專業和專業團體，所承認的專業團體可自行審核和頒授專業資格。

香港特別行政區政府可根據社會發展需要並諮詢有關方面的意見，承認新的專業和專業團體。

第一百四十三條

香港特別行政區政府自行制定體育政策。民間體育團體可依法繼續存在和發展。

第一百四十四條

香港特別行政區政府保持原在香港實行的對教育、醫療衛生、文化、藝術、康樂、體育、社會福利、社會工作等方面的民間團體機構的資助政策。原在香港各資助機構任職的人員均可根據原有制度繼續受聘。

第一百四十五條

香港特別行政區政府在原有社會福利制度的基礎上，根據經濟條件和社會需要，自行制定其發展、改進的政策。

第一百四十六條

香港特別行政區從事社會服務的志願團體在不抵觸法律的情況下可自行決定其服務方式。

第一百四十七條

香港特別行政區自行制定有關勞工的法律和政策。

第一百四十八條

香港特別行政區的教育、科學、技術、文化、藝術、體育、專業、醫療衛生、勞工、社會福利、社會工作等方面的民間團體和宗教組織同內地相應的團體和組織的關係，應以互不隸屬、互不干涉和互相尊重的原則為基礎。

第一百四十九條

香港特別行政區的教育、科學、技術、文化、藝術、體育、專業、醫療衛生、勞工、社會福利、社會工作等方面的民間團體和宗教組織可同世界各國、各地區及國際的有關團體和組織保持和發展關係，各該團體和組織可根據需要冠用「中國香港」的名義，參與有關活動。

第七章：對外事務

第一百五十條

香港特別行政區政府的代表，可作為中華人民共和國政府代表團的成員，參加由中央人民政府進行的同香港特別行政區直接有關的外交談判。

第一百五十一條

香港特別行政區可在經濟、貿易、金融、航運、通訊、旅遊、文化、體育等領域以「中國香港」的名義，單獨地同世界各國、各地區及有關國際組織保持和發展關係，簽訂和履行有關協議。

第一百五十二條

對以國家為單位參加的、同香港特別行政區有關的、適當領域的國際組織和國際會議，香港特別行政區政府可派遣代表作為中華人民共和國代表團的成員或以中央人民政府和上述有關國際組織或國際會議允許的身份參加，並以「中國香港」的名義發表意見。

香港特別行政區可以「中國香港」的名義參加不以國家為單位參加的國際組織和國際會議。

對中華人民共和國已參加而香港也以某種形式參加了的國際組織，中央人民政府將採取必要措施使香港特別行政區以適當形式繼續保持在這些組織中的地位。

對中華人民共和國尚未參加而香港已以某種形式參加的國際組織，中央人民政府將根據需要使香港特別行政區以適當形式繼續參加這些組織。

第一百五十三條

中華人民共和國締結的國際協議，中央人民政府可根據香港特別行政區的情況和需要，在徵詢香港特別行政區政府的意見後，決定是否適用於香港特別行政區。

中華人民共和國尚未參加但已適用於香港的國際協議仍可繼續適用。中央人民政府根據需要授權或協助香港特別行政區政府作出適當安排，使其他有關國際協議適用於香港特別行政區。

第一百五十四條

中央人民政府授權香港特別行政區政府依照法律給持有香港特別行政區永久性居民身份證的中國公民簽發中華人民共和國香港特別行政區護照，給在香港特別行政區的其他合法居留者簽發中華人民共和國香港特別行政區的其他旅行證件。上述護照和證件，前往各國和各地區有效，並載明持有人有返回香港特別行政區的權利。

對世界各國或各地區的人入境、逗留和離境，香港特別行政區政府可實行出入境管制。

第一百五十五條

中央人民政府協助或授權香港特別行政區政府與各國或各地區締結互免簽證協議。

第一百五十六條

香港特別行政區可根據需要在外國設立官方或半官方的經濟和貿易機構，報中央人民政府備案。

第一百五十七條

外國在香港特別行政區設立領事機構或其他官方、半官方機構，須經中央人民政府批准。

已同中華人民共和國建立正式外交關係的國家在香港設立的領事機構和其他官方機構，可予保留。

尚未同中華人民共和國建立正式外交關係的國家在香港設立的領事機構和其他官方機構，可根據情況允許保留或改為半官方機構。

尚未為中華人民共和國承認的國家，只能在香港特別行政區設立民間機構。

第八章：本法的解釋和修改

第一百五十八條

本法的解釋權屬於全國人民代表大會常務委員會。

全國人民代表大會常務委員會授權香港特別行政區法院在審理案件時對本法關於香港特別行政區自治範圍內的條款自行解釋。

香港特別行政區法院在審理案件時對本法的其他條款也可解釋。但如香港特別行政區法院在審理案件時需要對本法關於中央人民政府管理的事務或中央和香港特別行政區關係的條款進行解釋，而該條款的解釋又影響到案件的判決，在對該案件作出不可上訴的終局判決前，應由香港特別行政區終審法院請全國人民代表大會常務委員會對有關條款作出解釋。如全國人民代表大會常務委員會作出解釋，香港特別行政區法院在引用該條款時，應以全國人民代表大會常務委員會的解釋為準。但在此以前作出的判決不受影響。

全國人民代表大會常務委員會在對本法進行解釋前，徵詢其所屬的香港特別行政區基本法委員會的意見。

第一百五十九條

本法的修改權屬於全國人民代表大會。

本法的修改提案權屬於全國人民代表大會常務委員會，國務院和香港特別行政區。香港特別行政區的修改議案，須經香港特別行政區的全國人民代表大會代表三分之二多數、香港特別行政區立法會全體議員三分之二多數和香港特別行政區行政長官同意後，交由香港特別行政區出席全國人民代表大會的代表團向全國人民代表大會提出。

本法的修改議案在列入全國人民代表大會的議程前，先由香港特別行政區基本法委員會研究並提出意見。

本法的任何修改，均不得同中華人民共和國對香港既定的基本方針政策相抵觸。

第九章：附則

第一百六十條

香港特別行政區成立時，香港原有法律除由全國人民代表大會常務委員會宣佈為同本法抵觸者外，採用為香港特別行政區法律，如以後發現有的法律與本法抵觸，可依照本法規定的程序修改或停止生效。

在香港原有法律下有效的文件、證件、契約和權利義務，在不抵觸本法的前提下繼續有效，受香港特別行政區的承認和保護。

附件一：香港特別行政區行政長官的產生辦法 ^@

一、行政長官由一個具有廣泛代表性的選舉委員會根據本法選出，由中央人民政府任命。

#二、選舉委員會委員共800人，由下列各界人士組成：

工商、金融界：200 人

專業界：200 人

勞工、社會服務、宗教等界：200 人

立法會議員、區域性組織代表、香港地區全國人大代表、香港地區全國政協委員的代表：200 人

選舉委員會每屆任期五年。

三、各個界別的劃分，以及每個界別中何種組織可以產生選舉委員的名額，由香港特別行政區根據民主、開放的原則制定選舉法加以規定。

各界別法定團體根據選舉法規定的分配名額和選舉辦法自行選出選舉委

員會委員。

選舉委員以個人身份投票。

#四、不少於一百名的選舉委員可聯合提名行政長官候選人。每名委員只可提出一名候選人。

五、選舉委員會根據提名的名單，經一人一票無記名投票選出行政長官候任人。具體選舉辦法由選舉法規定。

六、第一任行政長官按照《全國人民代表大會關於香港特別行政區第一屆政府和立法會產生辦法的決定》產生。

*七、二〇〇七年以後各任行政長官的產生辦法如需修改，須經立法會全體議員三分之二多數通過，行政長官同意，並報全國人民代表大會常務委員會批准。

註：

請參閱《中華人民共和國香港特別行政區基本法附件一香港特別行政區行政長官的產生辦法修正案》（2010 年 8 月 28 日第十一屆全國人民代表大會常務委員會第十六次會議批准，見文件一及文件二）

* 請參閱《全國人民代表大會常務委員會關於香港特別行政區行政長官普選問題和 2016 年立法會產生辦法的決定》（2014 年 8 月 31 日第十二屆全國人民代表大會常務委員會第十次會議通過，見文件十八）

^ 請參閱《全國人民代表大會常務委員會關於《中華人民共和國香港特別行政區基本法〉 附件一第七條和附件二第三條的解釋》（2004 年 4 月 6 日第十屆全國人民代表大會常務委員會第八次會議通過，見文件二十三）

@ 請參閱《關於〈全國人民代表大會常務委員會關於香港特別行政區行政長官普選問題和 2016 年立法會產生辦法的決定（草案）〉的說明》（2014 年 8 月 27 日在第十二屆全國人民代表大會常務委員會第十次會議上，見文件二十四）

附件二：香港特別行政區立法會的產生辦法和表決程序

一、立法會的產生辦法

#（一）香港特別行政區立法會議員每屆60人，第一屆立法會按照《全國人民代表大會關於香港特別行政區第一屆政府和立法會產生辦法的決定》產生。第二屆、第三屆立法會的組成如下：

第二屆

功能團體選舉的議員	30 人
選舉委員會選舉的議員	6 人
分區直接選舉的議員	24 人

第三屆

功能團體選舉的議員	30 人
分區直接選舉的議員	30 人

（二）除第一屆立法會外，上述選舉委員會即本法附件一規定的選舉委員會。上述分區直接選舉的選區劃分、投票辦法，各個功能界別和法定團體的劃分、議員名額的分配、選舉辦法及選舉委員會選舉議員的辦法，由香港特別行政區政府提出並經立法會通過的選舉法加以規定。

二、立法會對法案、議案的表決程序

除本法另有規定外，特區立法會對法案和議案的表決採取下列程序：

政府提出的法案，如獲得出席會議的全體議員的過半數票，即為通過。

立法會議員個人提出的議案、法案和對政府法案的修正案均須分別經功能團體選舉產生的議員和分區直接選舉、選舉委員會選舉產生的議員兩部分出席會議議員各過半數通過。

*三、二〇〇七年以後立法會的產生辦法和表決程序

二〇〇七年以後香港特別行政區立法會的產生辦法和法案、議案的表決程序，如需對本附件的規定進行修改，須經立法會全體議員三分之二多數通過，行政長官同意，並報全國人民代表大會常務委員會備案。

註：
請參閱《中華人民共和國香港特別行政區基本法附件二香港特別行政區立法會的產生辦法和表決程序修正案》（2010 年 8 月 28 日第十一屆全國人民代表大會常務委員會第十六次會議予以備案，見文件三及文件四）
* 請參閱《全國人民代表大會常務委員會關於《中華人民共和國香港特別行政區基本法》附件一第七條和附件二第三條的解釋》（2004 年 4 月 6 日第十屆全國人民代表大會常務委員會第八次會議通過，見文件十八）

附件三：在香港特別行政區實施的全國性法律 *

下列全國性法律，自一九九七年七月一日起由香港特別行政區在當地公布或立法實施。

一、《關於中華人民共和國國都、紀年、國歌、國旗的決議》

二、《關於中華人民共和國國慶日的決議》

三、《中央人民政府公布中華人民共和國國徽的命令》附：國徽圖案、説明、使用辦法

四、《中華人民共和國政府關於領海的聲明》

五、《中華人民共和國國籍法》

六、《中華人民共和國外交特權與豁免條例》

註：
* 關於對列於附件三的法律作出的增減，請參閱：
a.《全國人民代表大會常務委員會關於〈中華人民共和國香港特別行政區基本法〉附件三所列全國性法律增減的決定》（1997 年 7 月 1 日第八屆全國人民代表大會常務委員會第二十六次會議通過，見文件五）
b.《全國人民代表大會常務委員會關於增加〈中華人民共和國香港特別行政區基本法〉附件三所列全國性法律的決定》（1998 年 11 月 4 日通過，見文件六）；及
c.《全國人民代表大會常務委員會關於增加〈中華人民共和國香港特別行政區基本法〉附件三所列全國性法律的決定》（2005 年 10 月 27 日通過，見文件七）

文件一
全國人民代表大會常務委員會關於批准《中華人民共和國香港特別行政區基本法附件一香港特別行政區行政長官的產生辦法修正案》的決定

（2010年8月28日第十一屆全國人民代表大會常務委員會第十六次會議通過）

第十一屆全國人民代表大會常務委員會第十六次會議決定：

根據《中華人民共和國香港特別行政區基本法》附件一、《全國人民代表大會常務委員會關於〈中華人民共和國香港特別行政區基本法〉附件一第七條和附件二第三條的解釋》和《全國人民代表大會常務委員會關於香港特別行政區2012年行政長官和立法會產生辦法及有關普選問題的決定》，批准香港特別行政區提出的《中華人民共和國香港特別行政區基本法附件一香港特別行政區行政長官的產生辦法修正案》。

《中華人民共和國香港特別行政區基本法附件一香港特別行政區行政長官的產生辦法修正案》自批准之日起生效。

文件二

中華人民共和國香港特別行政區基本法附件一香港特別行政區行政長官的產生辦法修正案

（2010年8月28日第十一屆全國人民代表大會常務委員會第十六次會議批准）

一、2012年選舉第四任行政長官人選的選舉委員會共1200人，由下列各界人士組成：

工商、金融界 300人

專業界 300人

勞工、社會服務、宗教等界 300人

立法會議員、區議會議員的代表、鄉議局的代表、香港特別行政區全國人大代表、香港特別行政區全國

政協委員的代表 300人

選舉委員會每屆任期五年。

二、不少於一百五十名的選舉委員可聯合提名行政長官候選人。每名委員只可提出一名候選人。

文件三
全國人民代表大會常務委員會公告〔十一屆〕第十五號

根據《中華人民共和國香港特別行政區基本法》附件二、《全國人民代表大會常務委員會關於〈中華人民共和國香港特別行政區基本法〉附件一第七條和附件二第三條的解釋》和《全國人民代表大會常務委員會關於香港特別行政區2012年行政長官和立法會產生辦法及有關普選問題的決定》，全國人民代表大會常務委員會對《中華人民共和國香港特別行政區基本法附件二香港特別行政區立法會的產生辦法和表決程序修正案》予以備案，現予公布。

《中華人民共和國香港特別行政區基本法附件二香港特別行政區立法會的產生辦法和表決程序修正案》自公布之日起生效。

特此公告。

全國人民代表大會常務委員會

2010年8月28日

文件四
中華人民共和國香港特別行政區基本法附件二香港特別行政區立法會的產生辦法和表決程序修正案

（2010年8月28日第十一屆全國人民代表大會常務委員會第十六次會議予以備案）

二〇一二年第五屆立法會共70名議員，其組成如下：

功能團體選舉的議員　　35人

分區直接選舉的議員　　35人

文件五
全國人民代表大會常務委員會關於《中華人民共和國香港特別行政區基本法》附件三所列全國性法律增減的決定

（1997年7月1日第八屆全國人民代表大會常務委員會第二十六次會議通過）

一、在《中華人民共和國香港特別行政區基本法》附件三中增加下列全國性法律：

1.《中華人民共和國國旗法》；

2.《中華人民共和國領事特權與豁免條例》；

3.《中華人民共和國國徽法》；

4.《中華人民共和國領海及毗連區法》；

5.《中華人民共和國香港特別行政區駐軍法》。

以上全國性法律，自1997年7月1日起由香港特別行政區公布或立法實施。

二、在《中華人民共和國香港特別行政區基本法》附件三中刪去下列全國性法律：

《中央人民政府公布中華人民共和國國徽的命令》附：國徽圖案、説明、使用辦法。

文件六
全國人民代表大會常務委員會關於增加《中華人民共和國香港特別行政區基本法》附件三所列全國性法律的決定

（1998年11月4日通過）

第九屆全國人民代表大會常務委員會第五次會議決定：在《中華人民共和國香港特別行政區基本法》附件三中增加全國性法律《中華人民共和國專屬經濟區和大陸架法》。

文件七
全國人民代表大會常務委員會關於增加《中華人民共和國香港特別行政區基本法》附件三所列全國性法律的決定

（2005年10月27日通過）

第十屆全國人民代表大會常務委員會第十八次會議決定：在《中華人民共和國香港特別行政區基本法》附件三中增加全國性法律《中華人民共和國外國中央銀行財產司法強制措施豁免法》。

香港特別行政區區旗和區徽圖案

香港特別行政區區旗圖案

香港特別行政區區徽圖案

文件八
關於《中華人民共和國香港特別行政區基本法（草案）》及其有關文件的說明

（1990年3月28日在第七屆全國人民代表大會第三次會議上）

中華人民共和國香港特別行政區基本法起草委員會主任委員姬鵬飛

各位代表：

中華人民共和國香港特別行政區基本法起草委員會經過四年零八個月的工作，業已完成起草基本法的任務。全國人大常委會已將《中華人民共和國香港特別行政區基本法（草案）》包括三個附件和香港特別行政區區旗、區徽圖案（草案），連同為全國人大代擬的《中華人民共和國全國人民代表大會關於香港特別行政區第一屆政府和立法會產生辦法的決定（草案）》和《香港特別行政區基本法起草委員會關於設立全國人民代表大會常務委員會香港特別行政區基本法委員會的建議》等文件提請全國人民代表大會審議。現在，我受香港特別行政區基本法起草委員會的委托就這部法律文件作如下說明：

根據《第六屆全國人民代表大會第三次會議關於成立中華人民共和國香港特別行政區基本法起草委員會的決定》，第六屆全國人大常委會第十一次會議任命了起草委員。1985年7月1日，起草委員會正式成立並開始工作。在制定了工作規劃，確定了基本法結構之後，起草委員會設立了五個由內地和香港委員共同組成的專題小組，即中央和香港特別行政區的關係專題小組，居民的基本權利和義務專題小組，政治體制專題小組，經濟專題小組，教育、科學、技術、文化、體育和宗教專題小組，負責具體起草工作。在各專題小組完成條文的初稿之後，成立了總體工作小組，從總體上對條文進行調整和修改。1988年4月，起草委員會第七次全體會議公佈了《中華人民共和國香港特別行政區基本法（草案）》徵求意見稿，用五個月的時間在香港和內地各省、自治區、直轄市及有關部門廣泛徵求了意見，並在這個基礎上對草案徵求意見稿作了一百多處修改。1989年1月，起草委員會第八次全體會議採取無記名投票方式，對準備提交全國人大常委會的基本法（草案）以及附件和有關文件逐條逐件地進行了表決，除草案第十九條外，所有條文、附件和有關文件均以全體委員三分之二多數贊成獲得通過。同年2月，第七屆全國人大常委會第六次會議決定公佈基本法（草案）包括附件及其有關文件，在香港和內地各省、自治區、直轄市以及中央各部門，各民主黨派、人民團體和有關專家，人民解放軍各總部中廣泛徵求意見。經過八個月的徵詢期，起草委員會各專題小組在研究了各方面的意見後，共提出了專題小組的修改提案二十四個，其中包括對第十九條的修正案。在今年2月舉行的起草委員會第九次全體會議上，對這些提案採取無記名投票的方式逐案進行了表決，均以全體委員三分之二以上多數贊成獲得通過，並以此取代了原條文。至此，基本法（草案）包括附件及其有關文件的起草工作全部完成。

香港特別行政區區旗、區徽圖案的徵集、評選工作，由起草委員五人以及內地和香港的專家六人共同組成的香港特別行政區區旗區徽圖案評選委員會負責。在評委會對七千一百四十七件應徵稿進行初選和複選後，起草委員會對入選的圖案進行了審議、評選，由於未能選出上報全國人大審議的圖案，又由評委會在應徵圖案的基礎上，集體修改出三套區旗、區徽圖案，經起草委員會第九次全體會議以無記名投票的方式表決，從中選出了提交全國人民代表大會審議的區旗區徽圖案（草案），同時通過了基本法（草案）中關於區旗、區徽的第十條第二、三款。

四年多來，起草委員會先後舉行全體會議九次，主任委員會議二十五次，主任委員擴大會議兩次，總體工作小組會議三次，專題小組會議七十三次，香港特別行政區區旗區徽評選委員會也先後召開會議五次。

回顧四年多來的工作，應該説這部法律文件的起草是很民主，很開放的。在起草過程中，委員們和衷共濟，群策群力，每項條文的起草都是在經過了調查研究和充分討論後完成的，做到了既服從大多數人的意見，又尊重少數人的意見。每當召開各種會議，隨時向採訪會議的記者吹風，會後及時向香港特別行政區基本法諮詢委員會通報情況。基本法起草工作是在全國，特別是在香港廣大同胞和各方面人士的密切關注和廣泛參與下完成的。尤其需要指出的是，由香港各界人士組成的香港特別行政區基本法諮詢委員會對基本法的起草工作一直給予了積極有效的協助，他們在香港收集了大量有關基本法的意見和建議並及時向起草委員會作了反映。諮詢委員會的工作得到了起草委員會們的好評。

各位代表，提請本次大會審議的基本法（草案），包括序言，第一章總則，第二章中央和香港特別行政區的關係，第三章居民的基本權利和義務，第四章政治體制，第五章經濟，第六章教育、科學、文化、體育、宗教、勞工和社會服務，第七章對外事務，第八章本法的解釋和修改，

第九章附則，共有條文一百六十條。還有三個附件，即：附件一《香港特別行政區行政長官的產生辦法》，附件二《香港特別行政區立法會的產生辦法和表決程序》，附件三《在香港特別行政區實施的全國性法律》。

一、關於起草基本法的指導方針

「一個國家，兩種制度」是我國政府為實現祖國統一提出的基本國策。按照這一基本國策，中國政府制定了對香港的一系列方針、政策，主要是國家在對香港恢復行使主權時，設立特別行政區，直轄於中央人民政府，除國防、外交由中央負責管理外，香港特別行政區實行高度自治；在香港特別行政區不實行社會主義制度和政策，原有的資本主義社會、經濟制度不變，生活方式不變，法律基本不變；保持香港的國際金融中心和自由港的地位；並照顧英國和其他國家在香港的經濟利益。我國政府將上述方針政策載入了和英國政府共同簽署的關於香港問題的聯合聲明，並宣佈國家對香港的各項方針政策五十年不變，以基本法加以規定。「一國兩制」的構想及在此基礎上產生的對香港的各項方針政策，是實現國家對香港恢復行使主權，同時保持香港的穩定繁榮的根本保證，是符合中國人民，特別是香港同胞的根本利益的。

我國憲法第三十一條規定，「國家在必要時得設立特別行政區。在特別行政區內實行的制度按照具體情況由全國人民代表大會以法律規定。」中國是社會主義國家，社會主義制度是中國的根本制度，但為了實現祖國的統一，在中國的個別地區可以實行另外一種社會制度，即資本主義制度。現在提交的基本法（草案）就是以憲法為依據，以「一國兩制」為指導方針，把國家對香港的各項方針、政策用基本法律的形式規定下來。

二、關於中央和香港特別行政區的關係

中央和香港特別行政區的關係，是基本法的主要內容之一，不僅在第二章，而且在第一、第七、第八章以及其他各章中均有涉及。

草案第十二條規定：「香港特別行政區是中華人民共和國的一個享有高

度自治權的地方行政區域，直轄於中央人民政府。」這條規定明確了香港特別行政區的法律地位，是草案規定特別行政區的職權範圍及其同中央的關係的基礎。香港特別行政區是中華人民共和國不可分離的部分，是中央人民政府直轄的地方行政區域，同時又是一個實行與內地不同的制度和政策、享有高度自治權的特別行政區。因此，在基本法中既要規定體現國家統一和主權的內容，又要照顧到香港的特殊情況，賦予特別行政區高度的自治權。

草案所規定的由全國人大常委會或中央人民政府行使的職權或負責管理的事務，都是體現國家主權所必不可少的。如特別行政區的國防和外交事務由中央人民政府負責管理，行政長官和主要官員由中央人民政府任命；少數有關國防、外交和不屬於香港特別行政區自治範圍的全國性法律要在特別行政區公佈或成立實施，全國人大常委會決定宣佈戰爭狀態或因特別行政區發生其政府不能控制的危及國家統一或安全的動亂而決定特別行政區進入緊急狀態，中央人民政府可發佈命令將有關全國性法律在香港實施。除此以外，草案還規定，特別行政區應自行立法禁止任何叛國、分裂國家、煽動叛亂、顛覆中央人民政府及竊取國家機密的行為，禁止外國的政治性組織或團體在特別行政區進行政治活動，禁止特別行政區的政治性組織或團體與外國的政治性組織或團體建立聯繫。這對於維護國家的主權、統一和領土完整，維護香港的長期穩定和繁榮也是非常必要的。

草案所規定的特別行政區的高度自治權包括行政管理權、立法權、獨立的司法權和終審權，此外，經中央人民政府授權還可以自行處理一些有關的對外事務。應該説，特別行政區所享有的自治權是十分廣泛的。

在行政管理權方面，草案在規定特別行政區依照基本法的規定自行處理香港的行政事務的同時，還具體規定了特別行政區在諸如財政經濟、工商貿易、交通運輸、土地和自然資源的開發和管理、教育科技、文化體育、社會治安、出入境管制等各個方面的自治權。如規定特別行政區保持財政獨立，財政收入不上繳中央，中央不在特別行政區徵稅；自行制定貨幣金融政策，港幣為特別行政區的法定貨幣，其發行權屬於特別行政區政府。又如，規定特別行政區政府的代表可作為中國政府代表團的成員，參加同香港有關的外交談判；特別行政區可在經濟、貿易、金融、航運、通訊、旅遊、文化、體育等領域以「中國香港」的名義，單獨地同世界各國、各地區及有關國際組織保持和發展關係，簽定和履行有關協議。

在立法權方面，草案規定特別行政區立法機關制定的法律經行政長官簽署、公佈即生效，這些法律雖然須報全國人大常委會備案，但備案並不影響生效。同時草案還規定，全國人大常委會只是在認為特別行政區立法機關制定的任何法律不符合基本法關於中央管理的事務及中央和香港特別行政區的關係的條款時，才將有關法律發回，但不作修改。法律一經全國人大常委會發回，立即失效。

這樣規定，符合「一國兩制」的原則，既符合憲法的規定又充份考慮了香港實行高度自治的需要。

根據憲法規定，解釋法律是全國人大常委會的職權。為了照顧香港的特殊情況，草案在規定基本法的解釋權屬於全國人大常委會的同時，授權香港特別行政區法院在審理案件時對本法關於特別行政區自治範圍內的條款可自行解釋。這樣規定既保證了全國人大常委會的權力，又有利於香港特別行政區行使其自治權。草案還規定，香港特別行政區法院在審理案件時對本法的其他條款也可解釋，只是在特別行政區法院對本法關於中央人民政府管理的事務或中央和特別行政區的關係的條款進行解釋，而該條款的解釋又影響到終局判決時，才應由香港特別行政區終審法院提請全國人大常委會作出解釋。香港特別行政區法院在引用該條款時，應以全國人大常委會的解釋為準。這樣規定可使香港特別行政區法院在審理案件時對涉及中央管理的事務或中央和特別行政區的關係的條款的理解有所依循，不致由於不準確的理解而作出錯誤的判決。

草案規定特別行政區法院享有獨立的司法權和終審權，作為一個地方行政區域的法院而享有終審權，這無疑是一種很特殊的例外，考慮到香港實行與內地不同的社會制度和法律體系，這樣規定是必需的。香港現行的司法制度和原則一向對有關國防、外交等國家行為無管轄權，草案保留了這一原則，而且規定特別行政區法院在審理案件中遇到涉及國防、外交等國家行為的事實問題，應取得行政長官就此發出的證明文件，上述文件對法院有約束力。行政長官在發出證明文件前，須取得中央人民政府的證明書。這就妥善解決了有關國家行為的司法管轄問題，也保證了特別行政區法院正常行使其職能。

此外，為使全國人大常委會在就特別行政區立法機關制定的任何法律是否符合基本法關於中央管理的事務及中央和香港特別行政區的關係的條款、對附件三所列適用於香港的全國性法律的增減以及基本法的解釋或修改等問題作出決定時，能充分反映香港各界人士的意見，起草委員們建議，在基本法實施時，全國人大常委會應設立一個工作機構，這個機構由內地和香港人士共同組成，就上述問題向全國人大常委會提供意見。為此起草了《香港特別行政區基本法起草委員會關於設立全國人民代表大會常務委員會香港特別行政區基本法委員會的建議》。

三、關於居民的基本權利和義務

草案第三章規定香港特別行政區和在香港特別行政區境內的其他人享有的廣泛權利和自由，包括政治、人身、經濟、文化、社會和家庭等各個方面。草案關於香港居民的權利和自由的規定，有以下兩個基本特點。

（一）草案對香港居民的權利和自由賦予了多層次的保障。針對香港居民組成的特點，不僅規定了香港居民所一般享有的權利和自由，也規定了其中的永久性居民和中國公民的權利，還專門規定了香港居民以外的其他人依法享有香港居民的權利和自由。此外，在明文規定香港居民的各項基本權利和自由的同時，還規定香港居民享有特別行政區法律保障的其他權利和自由。根據《公民權利和政治權利國際公約》、《經濟、社會與文化權利的國際公約》和國際勞工公約在香港適用的情況，草案規定這些公約適用於香港的有關規定繼續有效，通過特別行政區的法律予以實施。草案除設專章規定香港居民的權利和自由外，還有其他有關章節中作了一些規定。通過這幾個層次的規定，廣泛和全面地保障了香港居民的權利和自由。

（二）草案所規定的香港居民的權利、自由和義務，是按照「一國兩制」的原則，從香港的實際情況出發的，如保護私有財產權、遷徙和出入境的自由、自願生育的權利和對保護私人和法人財產的具體規定等等。草案還明確規定，有關保障香港居民的基本權利和自由的制度，均以基本法為依據。

四、關於政治體制

第四章政治體制主要規定了香港特別行政區的行政、立法以及司法機關的組成、職權和相互關係，規定了香港特別行政區行政長官、主要官員、行政會議和立法會成員、各級法院法官和其他司法人員以及公務人員的資格、職權及有關政策，還規定了香港特別行政區可設立非政權性的區域組織等等。

香港特別行政區的政治體制，要符合「一國兩制」的原則，要從香港的法律地位和實際情況出發，以保障香港的穩定繁榮為目的。為此，必須兼顧社會各階層的利益，有利於資本主義經濟的發展；既保持原政治體制中行之有效的部分，又要循序漸進地逐步發展適合香港情況的民主制度。根據這一原則，本章以及附件一、附件二對香港特別行政區政治體制有以下一些主要規定：

（一）關於行政機關和立法機關的關係。行政機關和立法機關之間的關係應該是既互相制衡又互相配合；為了保持香港的穩定和行政效率，行政長官應有實權，但同時也要受到制約。草案規定，行政長官是香港特別行政區的首長，對中央人民政府和香港特別行政區負責。行政長官領導香港特別行政區政府；簽署法案並公佈法律，簽署財政預算案；行政長官如認為立法會通過的法案不符合香港特別行政區的整體利益，可將法案發回立法會重議，如行政長官拒絕簽署立法會再次通過的法案，或立法會拒絕通過政府提出的預算案或其他重要法案，經協調仍不能取得一致意見，行政長官可解散立法會。草案又規定，政府必須遵守法律，向立法會負責：執行立法會制定並已生效的法律，定期向立法會作施政報告，答覆有關質詢，徵税和公共開支需經立法會批准；行政長官在作出重要決策、向立法會提交法案、制定附屬法規和解散立法會前，必須徵詢行政會議的意見。同時又規定，如立法會以不少於全體議員三分之二多數再次通過被行政長官發回的法案，行政長官必須在一個月內簽署公佈，除非行政長官解散立法會；如被解散後重選的立法會仍以三分之二多數通過有爭議的原法案或繼續拒絕通過政府提出的預算案或其他重要法案，行政長官必須辭職；如行政長官有嚴重違法或瀆職行為而不辭職，立法會通過一定程序可提出彈劾案，報請中央人民政府決定。上述這些規定體現了行政和立法之間相互制衡、相互配合的關係。

（二）關於行政長官的產生辦法。草案規定，行政長官在當地通過選舉或協商產生，報中央人民政府任命。行政長官的產生辦法要根據香港的實際情況和循序漸進的原則而規定，最終達到由一個有廣泛代表性的提名委員會按民主程序提名後普選的目標。據此，附件一對行政長官的產生辦法作了具體規定，在一九九七年至二〇〇七年的十年內由有廣泛代表性的選舉委員會選舉產生，此後如要改變選舉辦法，由立法會全體議員三分之二多數通過，行政長官同意並報全國人大常委會批准。行政長官的具體產生辦法由附件規定比較靈活，方便在必要時作出修改。

（三）關於立法會的產生辦法和立法會對法案和議案的表決程序。草案規定，立法會由選舉產生，其產生辦法要根據香港的實際情況和循序漸進的原則而規定，最終達到全體議員由普選產生的目標。據此，附件二對立法會的產生辦法作了具體規定，第一、二屆立法會由功能團體選舉、選舉委員會選舉和分區直接選舉等三種方式產生的議員組成。在特別行政區成立的頭十年內，逐屆增加分區直選的議員席位，減少選舉委員會選舉的議員席位，到第三屆立法會，功能團體選舉和分區直選的議員各佔一半。這樣規定符合循序漸進地發展選舉制度的原則。附件二還規定，立法會對政府提出的法案和議員個人提出的法案、議案採取不同的表決程序。政府提出的法案獲出席會議的議員過半數票即為通過；議員個人提出的法案、議案和對政府法案的修正案須分別獲功能團體選舉的議員和分區直接選舉、選舉委員會選舉的議員兩部分出席會議的議員各過半數票，方為通過。這樣規定，有利於兼顧各階層的利益，同時又不至於使政府的法案陷入無休止的爭論，有利於政府施政的高效率。

在特別行政區成立十年以後，立法會的產生辦法和對法案、議案的表決程序如需改進，由立法會全體議員三分之二多數通過，行政長官同意並報全國人大常委會備案。立法會的具體產生辦法和對法案、議案的表決程序由附件規定，也是考慮到這樣比較靈活，方便必要時作出修改。

（四）關於香港特別行政區行政長官、行政會議成員、立法會主席、政府主要官員、終審法院和高等法院首席法官以及基本法委員會香港委員的資格。草案的有關條文規定，擔任上述職務的人必須是在外國無居留權的香港特別行政區永久性居民中的中國公民。

這是體現國家主權的需要，也是體現由香港當地人管理香港的原則的需要，只有這樣才能使擔任上述職務的人切實對國家、對香港特別行政區以及香港居民負起責任。也正是基於這一考慮，有關條文還規定，特別行政區立法會必須由在外國無居留權的香港特別行政區永久性居民中的中國公民組成。但照顧到香港的具體情況，允許非中國籍的香港特別行政區永久性居民和在外國有居留權的香港特別行政區永久性居民可以當選為立法會議員，但其所佔比例不得超過立法會全體議員的20%。

（五）關於香港特別行政區第一屆政府和立法會的產生辦法。根據體現國家主權、有利平穩過渡的原則，香港特別行政區的成立須由全國人大設立的香港特別行政區籌備委員會負責主持。考慮到籌備工作須在香港特別行政區第一屆政府和立法會成立之前進行，而基本法要到一九九七年七月一日才開始實施，起草委員會建議，全國人大對第一屆政府和立法會的產生辦法作出專門決定，此項決定與基本法同時公佈。起草委員會為此起草了有關決定的代擬稿。規定香港特別行政區第一任行政長官，由香港人組成的推選委員會負責產生，報請中央人民政府任命；原香港最後一屆立法局的組成如符合全國人大關於特別行政區第一屆政府和立法會產生辦法的決定中的規定，其議員擁護基本法，願意效忠香港特別行政區並符合基本法規定條件者，經籌委會確認後可成為香港特別行政區第一屆立法會議員。這樣安排，是為了保證香港在整個過渡時期的穩定以及政權的平穩銜接。

此外，還規定行政長官、主要官員、行政會議和立法會成員、各級法院法官和其他司法人員在就職時必須宣誓擁護基本法，效忠中華人民共和國香港特別行政區。

五、關於經濟和教育、科學、文化、體育、宗教、勞工和社會服務。

第五章主要從財政、金融、貿易、工商業、土地契約、航運、民用航空等八個方面，就香港特別行政區的經濟制度和政策作了規定，這些規定對於保障香港的資本主義經濟機制的正常運行，保持香港的國際金融中心地位和自由港地位很有必要。如在金融貨幣方面規定，香港特別行政區不實行外匯管制政策，繼續開放外匯、黃金、證券、期貨等市場；保障一切資金的流動和進出自由；保障金融企業和金融市場的經營自由；確定港幣為特別行政區法定貨幣，可自由兌換，其發行權在特別行政區政府等等。又如在對外貿易方面規定，一切外來投資受法律保護；保障貨物、無形財產和資本的流動自由；除法律另有規定外，不徵收關稅；香港特別行政區為單獨的關稅地區，可以「中國香港」的名義參加關稅和貿易總協定、關於國際紡織品貿易安排等有關國際組織和國際貿易協定，包括優惠貿易安排；香港特別行政區所取得的各類出口配額、關稅優惠和達成的其他類似安排全由香港特別行政區享用。同時還規定香港特別行政區的財政預算要力求收支平衡，避免赤字；參照現行的低稅政策，自行立法規定稅制。此外對主要行業、土地契約、航運、民用航空等各方面作了比較詳盡的規定。

第六章就保持或發展香港現行的教育、科學、文化、體育、宗教、勞工和社會服務等方面的制度和政策作出了規定。這些規定涉及香港居民在社會生活多方面的利益，對於社會的穩定和發展是重要的。

第五、六兩章的政策性條款較多，考慮到中國政府在中英聯合聲明中已承諾把我國對香港的基本方針政策和中英聯合聲明附件一對上述基本方針政策的具體說明寫入基本法，加之香港各界人士要求在基本法裏反映和保護其各自利益的願望比較迫切，因此儘管在起草過程中曾對條文的繁簡有不同意見，但最終還是把政策性條款保留下來。

最後，我就香港特別行政區區旗、區徽圖案（草案）作一點說明。區旗是一面中間配有五顆星的動態紫荊花圖案的紅旗。紅旗代表祖國，紫荊花代表香港，寓意香港是中國不可分離的部分，在祖國的懷抱中興旺發達。花蕊上的五顆星象徵著香港同胞心中熱愛祖國，紅、白兩色體現了「一國兩制」的精神。區徽呈圓形，其外圈寫有「中華人民共和國香港特別行政區」和英文「香港」字樣，其中間的五顆星動態紫荊花圖案的構思及其象徵意義與區旗相同，也是以紅、白兩色體現「一國兩制」的精神。

各位代表，以上是我對《中華人民共和國香港特別行政區基本法（草案）》包括附件及有關文件和香港特別行政區區旗、區徽圖案（草案）的說明，請大會審議。

文件九
全國人民代表大會關於《中華人民共和國香港特別行政區基本法》的決定

（1990年4月4日第七屆全國人民代表大會第三次會議通過）

第七屆全國人民代表大會第三次會議通過《中華人民共和國香港特別行政區基本法》，包括附件一：《香港特別行政區行政長官的產生辦法》，附件二：《香港特別行政區立法會的產生辦法和表決程序》，附件三：《在香港特別行政區實施的全國性法律》，以及香港特別行政區區旗和區徽圖案。《中華人民共和國憲法》第三十一條規定：「國家在必要時得設立特別行政區。在特別行政區內實行的制度按照具體情況由全國人民代表大會以法律規定。」香港特別行政區基本法是根據《中華人民共和國憲法》、按照香港的具體情況制定的，是符合憲法的。香港特別行政區設立後實行的制度、政策和法律，以香港特別行政區基本法為依據。

《中華人民共和國香港特別行政區基本法》自1997年7月1日起實施。

文件十
全國人民代表大會關於設立香港特別行政區的決定

（1990年4月4日第七屆全國人民代表大會第三次會議通過）

第七屆全國人民代表大會第三次會議根據《中華人民共和國憲法》第三十一條和第六十二條第十三項的規定，決定：

一、自1997年7月1日起設立香港特別行政區。

*二、香港特別行政區的區域包括香港島、九龍半島，以及所轄的島嶼和附近海域。香港特別行政區的行政區域圖由國務院另行公布。

註：
* 見《中華人民共和國國務院令第 221 號》(文件十一)。

文件十一
中華人民共和國國務院令第 221 號

根據1990年4月4日第七屆全國人民代表大會第三次會議通過的《全國人民代表大會關於設立香港特別行政區的決定》，《中華人民共和國香港特別行政區行政區域圖》已經1997年5月7日國務院第56次常務會議通過，現予公布。

附：中華人民共和國香港特別行政區行政區域界線文字表述

總理

李鵬

一九九七年七月一日

附：
中華人民共和國香港特別行政區行政區域界線文字表述

區域界線由陸地部分和海上部分組成。

一、陸地部分

陸地部分由以下三段組成．

（一）沙頭角鎮段

1. 由沙頭角碼頭底部東角（1號點，北緯22° 32’ 37.21”，東經114° 13’ 34.85”）起至新樓街東側並行的排水溝入海口處，再沿排水溝中心線至該線與中英街中心線的交點（2號點，北緯

22°32’45.42”，東經114°13’32.40”）；

2. 由2號點起沿中英街中心線至步步街與中英街兩街中心線的交點（3號點，北緯22°32’52.26”，東經114°13’36.91”）；
3. 由3號點起以直線連接沙頭角河橋西側河中心橋墩底部的西端（4號點，北緯22°32’52.83”，東經114°13’36.86”）。

（二）沙頭角鎮至伯公坳段

由4號點起沿沙頭角河中心線逆流而上經伯公坳東側山谷谷底至該坳鞍部中心止（5號點，北緯 22°33’23.49”，東經114°12’24.25”）。

（三）伯公坳至深圳河入海段

由伯公坳鞍部起沿該坳西側主山谷谷底至深圳河伯公坳源頭，再沿深圳河中心線直至深圳灣（亦稱后海灣）河口處止。

深圳河治理後，以新河中心線作為區域界線。

二、海上部分

海上部分由以下三段組成：

（一）深圳灣海域段

由深圳河入海口起，沿南航道中央至84號航燈標（亦稱「B」號航燈標）（6號點，北緯22°30’36.23”，東經113°59’42.20”），再與以下兩點直線連成：

1. 深圳灣83號航燈標（亦稱「A」號航燈標）（7號點，北緯22°28’20.49”，東經113°56’52.10”）；
2. 上述7號點與內伶仃島南端的東角咀的聯線與東經113°52’08.8”經線的交點（8號點，北緯22°25’43.7”，東經113°52’08.8”）。

（二）南面海域段

由8號點起與以下13點直線連成：

1. 由8號點沿東經113°52’08.8”經線向南延伸至北緯22°20’處（9號點，北緯22°20’，東經113°52’08.8”）；
2. 大澳北面海岸線最突出部向西北1海浬處（10號點，北緯22°16’23.2”，東經113°50’50.6”）；
3. 大澳西面海岸線最突出部向西北1海浬處（11號點，北緯22°16’03.8”，東經113°50’20.4”）；
4. 雞公山西南面海岸線最突出部向西北1海浬處（12號點，北緯22°14’21.4”，東經113°49’35.0”）；
5. 大嶼山雞翼角西面海岸線最突出部向西1海浬處（13號點，北緯22°13’01.4”，東經113°49’01.6”）；
6. 大嶼山分流角西南面海岸線最突出部向西南1海浬處（14號點，北緯22°11’01.9”，東經113°49’56.6”）；
7. 索罟群島大鴉洲南面海岸線最突出部與大蜘洲銀角咀北面海岸線最突出部間的中點（15號點，北緯22°08’33.1”，東經113°53’47.6”）；
8. 索罟群島頭顱洲南面海岸線最突出部向南1海浬處（16號點，北緯22°08’12.2”，東經113°55’20.6”）；
9. 以索罟群島頭顱洲南面海岸線最突出部為中心之1海浬半徑與北緯22°08’54.5”緯線在東面的交點（17號點，北緯22°08’54.5”，東經113°56’22.4”）；
10. 以蒲台群島墨洲西南面海岸線最突出部為中心之1海浬半徑與北緯22°08’54.5”緯線在西面的交點（18號點，北緯22°08’54.5”，東經114°14’09.6”）；
11. 蒲台島南角咀正南1海浬處（19號點，北緯22°08’18.8”，東經114°15’18.6”）；
12. 以蒲台島大角頭東南面海岸線最突出部為中心之1海浬半徑與北緯22°08’54.5”緯線在東面的交點（20號點，北緯22°08’54.5”

，東經114° 17’02.4”）；

13. 北緯22° 08’54.5”，東經114° 30’08.8”（21號點）。

(三)大鵬灣海域段

由21號點與以下10點和1號點直線連成：

1. 北緯22° 21’54.5”，東經114° 30’08.8”（22號點）；
2. 大鹿灣北面海岸線最突出部至石牛洲導航燈間的中點（23號點，北緯22° 28’07.4”，東經 114° 27’17.6”）；
3. 水頭沙西南海岸線最突出部至平洲島更樓石間的中點（24號點，北緯22° 32’41.9”，東經 114° 27’18.5”）；
4. 秤頭角至平洲島的洲尾角間的中點（25號點，北緯22° 33’43.2”，東經114° 26’02.3”）；
5. 背仔角海岸線最突出部至白沙洲北面海岸線最突出部間的中點（26號點，北緯22° 34’06.0”，東經114° 19’58.7”）；
6. 正角咀海岸線最突出部至吉澳雞公頭東面海岸線最突出部間的中點（27號點，北緯 22° 34’00.0”，東經114° 18’32.7”）；
7. 塘元涌海岸線最突出部至吉澳北面海岸線最突出部間的中點（28號點，北緯22° 33’55.8”，東經114° 16’33.7”）；
8. 恩上南小河入海口處至長排頭間的中點（29號點，北緯22° 33’20.6”，東經114° 14’55.2”）；
9. 官路下小河入海口處至三角咀間的中點（30號點，北緯22° 33’02.6”，東經114° 14’13.4”）；
10. 1號點正東方向至對岸間的中點（31號點，北緯22° 32’37.2”，東經114° 14’01.1”）。

註：上述坐標值採用 WGS84 坐標系。

文件十二

全國人民代表大會關於香港特別行政區第一屆政府和立法會產生辦法的決定

（1990年4月4日第七屆全國人民代表大會第三次會議通過）

一、香港特別行政區第一屆政府和立法會根據體現國家主權、平穩過渡的原則產生。

二、在1996年內，全國人民代表大會設立香港特別行政區籌備委員會，負責籌備成立香港特別行政區的有關事宜，根據本決定規定第一屆政府和立法會的具體產生辦法。籌備委員會由內地和不少於50%的香港委員組成，主任委員和委員由全國人民代表大會常務委員會委任。

三、香港特別行政區籌備委員會負責籌組香港特別行政區第一屆政府推選委員會（以下簡稱推選委員會）。

推選委員會全部由香港永久性居民組成，必須具有廣泛代表性，成員包括全國人民代表大會香港地區代表、香港地區全國政協委員的代表、香港特別行政區成立前曾在香港行政、立法、諮詢機構任職並有實際經驗的人士和各階層、界別中具有代表性的人士。

推選委員會由400人組成，比例如下：

工商、金融界　25%

專業界　25%

勞工、基層、宗教等界　25%

原政界人士、香港地區全國人大代表、香港全國政協委員的代表　5%

四、推選委員會在當地以協商方式、或協商後提名選舉，推舉第一任行政長官人選，報中央人民政府任命。第一任行政長官的任期與正常任期相同。

五、第一屆香港特別行政區政府由香港特別行政區行政長官按香港特別行政區基本法規定負責籌組。

六、香港特別行政區第一屆立法會由60人組成，其中分區直接選舉產生議員20人，選舉委員會選舉產生議員10人，功能團體選舉產生議員30人。原香港最後一屆立法局的組成如符合本決定和香港特別行政區基本法的有關規定，其議員擁護中華人民共和國香港特別行政區基本法、願意效忠中華人民共和國香港特別行政區並符合香港特別行政區基本法規定條件者，經香港特別行政區籌備委員會確認，即可成為香港特別行政區第一屆立法會議員。

香港特別行政區第一屆立法會議員的任期為兩年。

文件十三

全國人民代表大會關於批准香港特別行政區基本法起草委員會關於設立全國人民代表大會常務委員會香港特別行政區基本法委員會的建議的決定

（1990年4月4日第七屆全國人民代表大會第三次會議通過）

第七屆全國人民代表大會第三次會議決定：

一、批准香港特別行政區基本法起草委員會關於設立全國人民代表大會常務委員會香港特別行政區基本法委員會的建議。

二、在《中華人民共和國香港特別行政區基本法》實施時，設立全國人民代表大會常務委員會香港特別行政區基本法委員會。

附：
香港特別行政區基本法起草委員會關於設立全國人民代表大會常務委員會香港特別行政區基本法委員會的建議

一、名稱：全國人民代表大會常務委員會香港特別行政區基本法委員會。

二、隸屬關係：是全國人民代表大會常務委員會下設的工作委員會。

三、任務：就有關香港特別行政區基本法第十七條、第十八條、第一百五十八條、第一百五十九條實施中的問題進行研究，並向全國人民代表大會常務委員會提供意見。

四、組成：成員十二人，由全國人民代表大會常務委員會任命內地和香港人士各六人組成，其中包括法律界人士，任期五年。香港委員須由在外國無居留權的香港特別行政區永久性居民中的中國
公民擔任，由香港特別行政區行政長官，立法會主席和終審法院首席法官聯合提名，報全國人民代表大會常務委員會任命。

文件十四
全國人民代表大會常務委員會關於《中華人民共和國香港特別行政區基本法》英文本的決定

（1990年6月28日通過）

第七屆全國人民代表大會常務委員會第十四次會議決定：全國人民代表

大會法律委員會主持審定的《中華人民共和國香港特別行政區基本法》英譯本為正式英文本，和中文本同樣使用；英文本中的用語的含義如果有與中文本有出入的，以中文本為準。

文件十五
全國人民代表大會常務委員會關於《中華人民共和國國籍法》在香港特別行政區實施的幾個問題的解釋

（1996年5月15日第八屆全國人民代表大會常務委員會第十九次會議通過）

根據《中華人民共和國香港特別行政區基本法》第十八條和附件三的規定，《中華人民共和國國籍法》自1997年7月1日起在香港特別行政區實施。考慮到香港的歷史背景和現實情況，對《中華人民共和國國籍法》在香港特別行政區實施作如下解釋：

一、凡具有中國血統的香港居民，本人出生在中國領土（含香港）者，以及其他符合《中華人民共和國國籍法》規定的具有中國國籍的條件者，都是中國公民。

二、所有香港中國同胞，不論其是否持有「英國屬土公民護照」或者「英國國民（海外）護照」都是中國公民。自1997年7月1日起，上述中國公民可繼續使用英國政府簽發的有效旅行證件去其他國家或地區旅行，但在香港特別行政區和中華人民共和國其他地區不得因持有上述英國旅行證件而享有英國的領事保護的權利。

三、任何在香港的中國公民，因英國政府的「居英權計劃」而獲得的英國公民身份，根據《中華人民共和國國籍法》不予承認。這類人仍為中國公民，在香港特別行政區和中華人民共和國其他地區不得享有英國的領事保護的權利。

四、在外國有居留權的香港特別行政區的中國公民，可使用外國政府簽發的有關證件去其他國家或地區旅行，但在香港特別行政區和中華人民共和國其他地區不得因持有上述證件而享有外國領事保護的權利。

五、香港特別行政區的中國公民的國籍發生變更，可憑有效證件向香港特別行政區受理國籍申請的機關申報。

六、授權香港特別行政區政府指定其入境事務處為香港特別行政區受理國籍申請的機關，香港特別行政區入境事務處根據《中華人民共和國國籍法》和以上規定對所有國籍申請事宜作出處理。

文件十六

全國人民代表大會常務委員會關於根據《中華人民共和國香港特別行政區基本法》第一百六十條處理香港原有法律的決定

（1997年2月23日第八屆全國人民代表大會常務委員會第二十四次會議通過）

《中華人民共和國香港特別行政區基本法》（以下簡稱《基本法》）第一百六十條規定：「香港特別行政區成立時，香港原有法律除由全國人民代表大會常務委員會宣布為同本法抵觸者外，採用為香港特別行政區法律，如以後發現有的法律與本法抵觸，可依照本法規定的程序修改或停止生效。」第八條規定：「香港原有法律，即普通法、衡平法、條例、附屬立法和習慣法，除同本法相抵觸或經香港特別行政區的立法機關作出修改者外，予以保留。」第八屆全國人民代表大會常務委員會第二十四次會議根據上述規定，審議了香港特別行政區籌備委員會關於處理香港原有法律問題的建議，決定如下：

一、香港原有法律，包括普通法、衡平法、條例、附屬立法和習慣法，除同《基本法》抵觸者外，採用為香港特別行政區法律。

二、列於本決定附件一的香港原有的條例及附屬立法抵觸《基本法》，不採用為香港特別行政區法律。

三、列於本決定附件二的香港原有的條例及附屬立法的部分條款抵觸《基本法》，抵觸的部分條款不採用為香港特別行政區法律。

四、採用為香港特別行政區法律的香港原有法律，自1997年7月1日起，在適用時，應作出必要的變更、適應、限制或例外，以符合中華人民共和國對香港恢復行使主權後香港的地位和《基本法》的有關規定，如《新界土地（豁免）條例》在適用時應符合上述原則。

除符合上述原則外，原有的條例或附屬立法中：

（一）規定與香港特別行政區有關的外交事務的法律，如與在香港特別行政區實施的全國性法律不一致，應以全國性法律為準，並符合中央人民政府享有的國際權利和承擔的國際義務。

（二）任何給予英國或英聯邦其它國家或地區特權待遇的規定，不予保留，但有關香港與英國或英聯邦其它國家或地區之間互惠性規定，不在此限。

（三）有關英國駐香港軍隊的權利、豁免及義務的規定，凡不抵觸《基本法》和《中華人民共和國香港特別行政區駐軍法》的規定者，予以保留，適用於中華人民共和國中央人民政府派駐香港特別行政區的軍隊。

（四）有關英文的法律效力高於中文的規定，應解釋為中文和英文都是正式語文。

（五）在條款中引用的英國法律的規定，如不損害中華人民共和國的主權和不抵觸《基本法》的規定，在香港特別行政區對其作出修改前，作為過渡安排，可繼續參照適用。

五、在符合第四條規定的條件下，採用為香港特別行政區法律的香港原有法律，除非文意另有所指，對其中的名稱或詞句的解釋或適用，須遵循本決定附件三所規定的替換原則。

六、採用為香港特別行政區法律的香港原有法律，如以後發現與《基本法》相抵觸者，可依照《基本法》規定的程序修改或停止生效。

附件一

香港原有法律中下列條例及附屬立法抵觸《基本法》，不採用為香港特別行政區法律：

1. 《受託人(香港政府證券)條例》（香港法例第77章）
2. 《英國法律應用條例》（香港法例第88章）
3. 《英國以外婚姻條例》（香港法例第180章）
4. 《華人引渡條例》（香港法例第235章）
5. 《香港徽幟(保護)條例》（香港法例第315章）
6. 《國防部大臣(產業承繼)條例》（香港法例第193章）
7. 《皇家香港軍團條例》（香港法例第199章）
8. 《強制服役條例》（香港法例第246章）
9. 《陸軍及皇家空軍法律服務處條例》（香港法例第286章）
10. 《英國國籍(雜項規定)條例》（香港法例第186章）
11. 《1981年英國國籍法(相應修訂)條例》（香港法例第373章）
12. 《選舉規定條例》（香港法例第367章）
13. 《立法局(選舉規定)條例》（香港法例第381章）
14. 《選區分界及選舉事務委員會條例》（香港法例第432章）

附件二

香港原有法律中下列條例及附屬立法的部分條款抵觸《基本法》，不採用為香港特別行政區法律：

1. 《人民入境條例》（香港法例第115章）第2條中有關「香港永久性居民」的定義和附表一「香港永久性居民」的規定
2. 任何為執行在香港適用的英國國籍法所作出的規定

3. 《市政局條例》（香港法例第101章）中有關選舉的規定
4. 《區域市政局條例》（香港法例第385章）中有關選舉的規定
5. 《區議會條例》（香港法例第366章）中有關選舉的規定
6. 《舞弊及非法行為條例》（香港法例第288章）中的附屬立法A《市政局、區域市政局以及區議會選舉費用令》和附屬立法C《立法局決議》
7. 《香港人權法案條例》（香港法例第383章）第2條第（3）款有關該條例的解釋及應用目的的規定，第3條有關「對先前法例的影響」和第4條有關「日後的法例的釋義」的規定
8. 《個人資料(私隱)條例》（香港法例第486章）第3條第（2）款有關該條例具有凌駕地位的規定
9. 1992年7月17日以來對《社團條例》（香港法例第151章）的重大修改
10. 1995年7月27日以來對《公安條例》（香港法例第245章）的重大修改

附件三

採用為香港特別行政區法律的香港原有法律中的名稱或詞句在解釋或適用時一般須遵循以下替換原則：

1. 任何提及「女王陛下」、「王室」、「英國政府」及「國務大臣」等相類似名稱或詞句的條款，如該條款內容是關於香港土地所有權或涉及《基本法》所規定的中央管理的事務和中央與香港特別行政區的關係，則該等名稱或詞句應相應地解釋為中央或中國的其它主管機關，其它情況下應解釋為香港特別行政區政府。
2. 任何提及「女王會同樞密院」或「樞密院」的條款，如該條款內容是關於上訴權事項，則該等名稱或詞句應解釋為香港特別行政區終審法院，其它情況下，依第1項規定處理。

3. 任何冠以「皇家」的政府機構或半官方機構的名稱應刪去「皇家」字樣，並解釋為香港特別行政區相應的機構。
4. 任何「本殖民地」的名稱應解釋為香港特別行政區；任何有關香港領域的表述應依照國務院頒布的香港特別行政區行政區域圖作出相應解釋後適用。
5. 任何「最高法院」及「高等法院」等名稱或詞句應相應地解釋為高等法院及高等法院原訟法庭。
6. 任何「總督」、「總督會同行政局」、「布政司」、「律政司」、「首席按察司」、「政務司」、「憲制事務司」、「海關總監」及「按察司」等名稱或詞句應相應地解釋為香港特別行政區行政長官、行政長官會同行政會議、政務司長、律政司長、終審法院首席法官或高等法院首席法官、民政事務局局長、政制事務局局長、海關關長及高等法院法官。
7. 在香港原有法律中文文本中，任何有關立法局、司法機關或行政機關及其人員的名稱或詞句應相應地依照《基本法》的有關規定進行解釋和適用。
8. 任何提及「中華人民共和國」和「中國」等相類似名稱或詞句的條款，應解釋為包括台灣、香港和澳門在內的中華人民共和國；任何單獨或同時提及大陸、台灣、香港和澳門的名稱或詞句的條款，應相應地將其解釋為中華人民共和國的一個組成部分。
9. 任何提及「外國」等相類似名稱或詞句的條款，應解釋為中華人民共和國以外的任何國家或地區，或者根據該項法律或條款的內容解釋為「香港特別行政區以外的任何地方」；任何提及「外籍人士」等相類似名稱或詞句的條款，應解釋為中華人民共和國公民以外的任何人士。
10. 任何提及「本條例的條文不影響亦不得視為影響女王陛下、其儲君或其繼位人的權利」的規定，應解釋為「本條例的條文不影響亦不得視為影響中央或香港特別行政區政府根據《基本法》和其他法律的規定所享有的權利」。

文件十七
全國人民代表大會常務委員會關於《中華人民共和國香港特別行政區基本法》第二十二條第四款和第二十四條第二款第（三）項的解釋

（1999年6月26日第九屆全國人民代表大會常務委員會第十次會議通過）

第九屆全國人民代表大會常務委員會第十次會議審議了國務院《關於提請解釋〈中華人民共和國香港特別行政區基本法〉第二十二條第四款和第二十四條第二款第（三）項的議案》。國務院的議案是應香港特別行政區行政長官根據《中華人民共和國香港特別行政區基本法》第四十三條和第四十八條第（二）項的有關規定提交的報告提出的。鑒於議案中提出的問題涉及香港特別行政區終審法院1999年1月29日的判決對《中華人民共和國香港特別行政區基本法》有關條款的解釋，該有關條款涉及中央管理的事務和中央與香港特別行政區的關係，終審法院在判決前沒有依照《中華人民共和國香港特別行政區基本法》第一百五十八條第三款的規定請全國人民代表大會常務委員會作出解釋，而終審法院的解釋又不符合立法原意，經徵詢全國人民代表大會常務委員會香港特別行政區基本法委員會的意見，全國人民代表大會常務委員會決定，根據《中華人民共和國憲法》第六十七條第（四）項和《中華人民共和國香港特別行政區基本法》第一百五十八條第一款的規定，對《中華人民共和國香港特別行政區基本法》第二十二條第四款和第二十四條第二款第(三)項的規定，作如下解釋：

一、《中華人民共和國香港特別行政區基本法》第二十二條第四款關於「中國其他地區的人進入香港特別行政區須辦理批准手續」的規定，是指各省、自治區、直轄市的人，包括香港永久性居民在內地所生的中國籍子女，不論以何種事由要求進入香港特別行政區，均須依照國家有關法律、行政法規的規定，向其所在地區的有關機關申請辦理批准手續，並須持有有關機關製發的有效證件方能進入香港特別行政區。各省、自治區、直轄市的人，包括香港永久性居民在內地所生的中國籍子女，進入香港特別行政區，如未按國家有關法律、行政法規的規定辦理相應的批准手續，是不合法的。

二、《中華人民共和國香港特別行政區基本法》第二十四條第二款前三項規定：「香港特別行政區永久性居民為：（一）在香港特別行政區成立以前或以後在香港出生的中國公民；（二）在香港特別行政區成立以前或以後在香港通常居住連續七年以上的中國公民；（三）第（一）、（二）兩項所列居民在香港以外所生的中國籍子女」。其中第（三）項關於「第（一）、（二）兩項所列居民在香港以外所生的中國籍子女」的規定，是指無論本人是在香港特別行政區成立以前或以後出生，在其出生時，其父母雙方或一方須是符合《中華人民共和國香港特別行政區基本法》第二十四條第二款第（一）項或第（二）項規定條件的人。本解釋所闡明的立法原意以及《中華人民共和國香港特別行政區基本法》第二十四條第二款其他各項的立法原意，已體現在1996年8月10日全國人民代表大會香港特別行政區籌備委員會第四次全體會議通過的《關於實施〈中華人民共和國香港特別行政區基本法〉第二十四條第二款的意見》中。

本解釋公布之後，香港特別行政區法院在引用《中華人民共和國香港特別行政區基本法》有關條款時，應以本解釋為準。本解釋不影響香港特別行政區終審法院1999年1月29日對有關案件判決的有關訴訟當事人所獲得的香港特別行政區居留權。此外，其他任何人是否符合《中華人民共和國香港特別行政區基本法》第二十四條第二款第（三）項規定的條件，均須以本解釋為準。

文件十八
全國人民代表大會常務委員會關於《中華人民共和國香港特別行政區基本法》附件一第七條和附件二第三條的解釋

（2004年4月6日第十屆全國人民代表大會常務委員會第八次會議通過）

第十屆全國人民代表大會常務委員會第八次會議審議了委員長會議關於提請審議《全國人民代表大會常務委員會關於〈中華人民共和國香港特別行政區基本法〉附件一第七條和附件二第三條的解釋（草案）》的議案。經徵詢全國人民代表大會常務委員會香港特別行政區基本法委員會的意見，全國人民代表大會常務委員會決定，根據《中華人民共和國憲法》第六十七條第四項和《中華人民共和國香港特別行政區基本法》第一百五十八條第一款的規定，對《中華人民共和國香港特別行政區基本法》附件一《香港特別行政區行政長官的產生辦法》第七條「二〇〇七年以後各任行政長官的產生辦法如需修改，須經立法會全體議員三分之二多數通過，行政長官同意，並報全國人民代表大會常務委員會批准」的規定和附件二《香港特別行政區立法會的產生辦法和表決程序》第三條「二〇〇七年以後香港特別行政區立法會的產生辦法和法案、議案的表決程序，如需對本附件的規定進行修改，須經立法會全體議員三分之二多數通過，行政長官同意，並報全國人民代表大會常務委員會備案」的規定，作如下解釋：

一、上述兩個附件中規定的「二〇〇七年以後」，含二〇〇七年。

二、上述兩個附件中規定的二〇〇七年以後各任行政長官的產生辦法、立法會的產生辦法和法案、議案的表決程序「如需」修改，是指可以進行修改，也可以不進行修改。

三、上述兩個附件中規定的須經立法會全體議員三分之二多數通過，行政長官同意，並報全國人民代表大會常務委員會批准或者備案，是指行政長官的產生辦法和立法會的產生辦法及立法會法案、議案的表決程序修改時必經的法律程序。只有經過上述程序，包括最後全國人民代表大會常務委員會依法批准或者備案，該修改方可生效。是否需要進行修改，香港特別行政區行政長官應向全國人民代表大會常務委員會提出報告，由全國人民代表大會常務委員會依照《中華人民共和國香港特別行政區基本法》第四十五條和第六十八條規定，根據香港特別行政區的實際情況和循序漸進的原則確定。修改行政長官產生辦法和立法會產生辦法及立法會法案、議案表決程序的法案及其修正案，應由香港特別行政區政府向立法會提出。

四、上述兩個附件中規定的行政長官的產生辦法、立法會的產生辦法和法案、議案的表決程序如果不作修改，行政長官的產生辦法仍適用附件一關於行政長官產生辦法的規定；立法會的產生辦法和法案、議案的表決程序仍適用附件二關於第三屆立法會產生辦法的規定和附件二關於法案、議案的表決程序的規定。

文件十九

全國人民代表大會常務委員會關於香港特別行政區 2007 年行政長官和 2008 年立法會產生辦法有關問題的決定

（2004年4月26日第十屆全國人民代表大會常務委員會第九次會議通過）

第十屆全國人民代表大會常務委員會第九次會議審議了香港特別行政區行政長官董建華2004年4月15日提交的《關於香港特別行政區2007年行政長官和2008年立法會產生辦法是否需要修改的報告》，並在會前徵詢了香港特別行政區全國人大代表、全國政協委員和香港各界人士、全國人大常委會香港特別行政區基本法委員會香港委員、香港特別行政區政府政制發展專責小組的意見，同時徵求了國務院港澳事務辦公室的意見。全國人大常委會在審議中充分注意到近期香港社會對2007年以後行政長官和立法會的產生辦法的關注，其中包括一些團體和人士希望2007年行政長官和2008年立法會全部議員由普選產生的意見。

會議認為，《中華人民共和國香港特別行政區基本法》(以下簡稱香港基本法)第四十五條和第六十八條已明確規定，香港特別行政區行政長官和立法會的產生辦法應根據香港特別行政區的實際情況和循序漸進的原則而規定，最終達至行政長官由一個有廣泛代表性的提名委員會按民主程序提名後普選產生、立法會全部議員由普選產生的目標。香港特別行政區行政長官和立法會的產生辦法應符合香港基本法的上述原則和規定。有關香港特別行政區行政長官和立法會產生辦法的任何改變，都應遵循與香港社會、經濟、政治的發展相協調，有利於社會各階層、各界別、各方面的均衡參與，有利於行政主導體制的有效運行，有利於保持香港的長期繁榮穩定等原則。

會議認為，香港特別行政區成立以來，香港居民所享有的民主權利是前所未有的。第一任行政長官由400人組成的推選委員會選舉產生，第二任行政長官由800人組成的選舉委員會選舉產生；立法會60名議員中分區直選產生的議員已由第一屆立法會的20名增加到第二屆立法會的24名，今年9月產生的第三屆立法會將達至30名。香港實行民主選舉的歷史不長，香港居民行使參與推選特別行政區行政長官的民主權利，至今不到7年。香港回歸祖國以來，立法會中分區直選議員的數量已有相當幅度的增加，在達至分區直選議員和功能團體選舉的議員各佔一半的格局後，對香港社會整體運作的影響，尤其是對行政主導體制的影響尚有待實踐檢驗。加之目前香港社會各界對於2007年以後行政長官和立法會的產生辦法如何確定仍存在較大分歧，尚未形成廣泛共識。在此情況下，實現香港基本法第四十五條規定的行政長官由一個有廣泛代表性的提名委員會按民主程序提名後普選產生和香港基本法第六十八條規定的立法會全部議員由普選產生的條件還不具備。

鑑此，全國人大常委會依據香港基本法的有關規定和《全國人民代表大會常務委員會關於〈中華人民共和國香港特別行政區基本法〉附件一第七條和附件二第三條的解釋》，對香港特別行政區2007年行政長官和2008年立法會的產生辦法決定如下：

一、2007年香港特別行政區第三任行政長官的選舉，不實行由普選產生的辦法。2008年香港特別行政區第四屆立法會的選舉，不實行全部議員由普選產生的辦法，功能團體和分區直選產生的議員各佔半數的比例維持不變，立法會對法案、議案的表決程序維持不變。

二、在不違反本決定第一條的前提下，2007年香港特別行政區第三任行政長官的具體產生辦法和2008年香港特別行政區第四屆立法會的具體產生辦法，可按照香港基本法第四十五條、第六十八條的規定和附件一第七條、附件二第三條的規定作出符合循序漸進原則的適當修改。

會議認為，按照香港基本法的規定，在香港特別行政區根據實際情況，循序漸進地發展民主，是中央堅定不移的一貫立場。隨着香港社會各方面的發展和進步，經過香港特別行政區政府和香港居民的共同努力，香港特別行政區的民主制度一定能夠不斷地向前發展，最終達至香港基本法規定的行政長官由一個有廣泛代表性的提名委員會按民主程序提名後普選產生和立法會全部議員由普選產生的目標。

文件二十

全國人民代表大會常務委員會關於《中華人民共和國香港特別行政區基本法》第五十三條第二款的解釋

（2005年4月27日第十屆全國人民代表大會常務委員會第十五次會議通過）

第十屆全國人民代表大會常務委員會第十五次會議審議了國務院《關於提請解釋〈中華人民共和國香港特別行政區基本法〉第五十三條第二款的議案》。根據《中華人民共和國憲法》第六十七條第四項和《中華人民共和國香港特別行政區基本法》第一百五十八條第一款的規定，並徵詢全國人民代表大會常務委員會香港特別行政區基本法委員會的意見，全國人民代表大會常務委員會對《中華人民共和國香港特別行政區基本法》第五十三條第二款的規定，作如下解釋：

《中華人民共和國香港特別行政區基本法》第五十三條第二款中規定：「行政長官缺位時，應在六個月內依本法第四十五條的規定產生新的行政長官。」其中「依本法第四十五條的規定產生新的行政長官」，既包括新的行政長官應依據《中華人民共和國香港特別行政區基本法》第四十五條規定的產生辦法產生，也包括新的行政長官的任期應依據《中華人民共和國香港特別行政區基本法》第四十五條規定的產生辦法確定。

《中華人民共和國香港特別行政區基本法》第四十五條第三款規定：「行政長官產生的具體辦法由附件一《香港特別行政區行政長官的產生辦法》規定。」附件一第一條規定：「行政長官由一個具有廣泛代表性的選舉委員會根據本法選出，由中央人民政府任命。」第二條規定：「選舉委員會每屆任期五年。」第七條規定：「二〇〇七年以後各任行政長官的產生辦法如需修改，須經立法會全體議員三分之二多數通過，行政長官同意，並報全國人民代表大會常務委員會批准。」上述規定表明，二〇〇七年以前，在行政長官由任期五年的選舉委員會選出的制度安排下，如出現行政長官未任滿《中華人民共和國香港特別行政區基本法》第四十六條規定的五年任期導致行政長官缺位的情況，新的行政長官的任期應為原行政長官的剩餘任期；二〇〇七年以後，如對上述行政長官產生辦法作出修改，屆時出現行政長官缺位的情況，新的行政長官的任期應根據修改後的行政長官具體產生辦法確定。

文件二十一

全國人民代表大會常務委員會關於香港特別行政區 2012 年行政長官和立法會產生辦法及有關普選問題的決定

第十屆全國人民代表大會常務委員會第三十一次會議審議了香港特別行政區行政長官曾蔭權2007年12月12日提交的《關於香港特別行政區政制發展諮詢情況及2012年行政長官和立法會產生辦法是否需要修改的報告》。會議認為，2012年香港特別行政區第四任行政長官的具體產生辦法和第五屆立法會的具體產生辦法可以作出適當修改；2017年香港特別行政區第五任行政長官的選舉可以實行由普選產生的辦法；在行政長官由普選產生以後，香港特別行政區立法會的選舉可以實行全部議員由普選產生的辦法。全國人民代表大會常務委員會根據《中華人民共和國香港特別行政區基本法》的有關規定和《全國人民代表大會常務委員會關於〈中華人民共和國香港特別行政區基本法〉附件一第七條和附件二第三條的解釋》決定如下：

一、2012年香港特別行政區第四任行政長官的選舉，不實行由普選產生的辦法。2012年香港特別行政區第五屆立法會的選舉，不實行全部議員由普選產生的辦法，功能團體和分區直選產生的議員各佔半數的比例維持不變，立法會對法案、議案的表決程序維持不變。在此前提下，2012年香港特別行政區第四任行政長官的具體產生辦法和2012年香港特別行政區第五屆立法會的具體產生辦法，可按照《中華人民共和國香港特別行政區基本法》第四十五條、第六十八條的規定和附件一第七條、附件二第三條的規定作出符合循序漸進原則的適當修改。

二、在香港特別行政區行政長官實行普選前的適當時候，行政長官須按照香港基本法的有關規定和《全國人民代表大會常務委員會關於〈中華人民共和國香港特別行政區基本法〉附件一第七條和附件二第三條的解釋》，就行政長官產生辦法的修改問題向全國人民代表大會常務委員會提出報告，由全國人民代表大會常務委員會確定。修改行政長官產生辦法的法案及其修正案，應由香港特別行政區政府向立法會提出，經立法會全體議員三分之二多數通過，行政長官同意，報全國人民代表大會常務委員會批准。

三、在香港特別行政區立法會全部議員實行普選前的適當時候，行政長官須按照香港基本法的有關規定和《全國人民代表大會常務委員會關於

〈中華人民共和國香港特別行政區基本法〉附件一第七條和附件二第三條的解釋》，就立法會產生辦法的修改問題以及立法會表決程序是否相應作出修改的問題向全國人民代表大會常務委員會提出報告，由全國人民代表大會常務委員會確定。修改立法會產生辦法和立法會法案、議案表決程序的法案及其修正案，應由香港特別行政區政府向立法會提出，經立法會全體議員三分之二多數通過，行政長官同意，報全國人民代表大會常務委員會備案。

四、香港特別行政區行政長官的產生辦法、立法會的產生辦法和法案、議案表決程序如果未能依照法定程序作出修改，行政長官的產生辦法繼續適用上一任行政長官的產生辦法，立法會的產生辦法和法案、議案表決程序繼續適用上一屆立法會的產生辦法和法案、議案表決程序。

會議認為，根據香港基本法第四十五條的規定，在香港特別行政區行政長官實行普選產生的辦法時，須組成一個有廣泛代表性的提名委員會。提名委員會可參照香港基本法附件一有關選舉委員會的現行規定組成。提名委員會須按照民主程序提名產生若干名行政長官候選人，由香港特別行政區全體合資格選民普選產生行政長官人選，報中央人民政府任命。

會議認為，經過香港特別行政區政府和香港市民的共同努力，香港特別行政區的民主制度一定能夠不斷向前發展，並按照香港基本法和本決定的規定，實現行政長官和立法會全部議員由普選產生的目標。

文件二十二

全國人民代表大會常務委員會關於《中華人民共和國香港特別行政區基本法》第十三條第一款和第十九條的解釋

第十一屆全國人民代表大會常務委員會第二十二次會議審議了委員長會議關於提請審議《全國人民代表大會常務委員會關於〈中華人民共和國

香港特別行政區基本法〉第十三條第一款和第十九條的解釋(草案)》的議案。委員長會議的議案是應香港特別行政區終審法院依據《中華人民共和國香港特別行政區基本法》第一百五十八條第三款的規定提請全國人民代表大會常務委員會解釋《中華人民共和國香港特別行政區基本法》有關規定的報告提出的。

香港特別行政區終審法院在審理一起與剛果民主共和國有關的案件時，涉及香港特別行政區是否應適用中央人民政府決定採取的國家豁免規則或政策的問題。為此，香港特別行政區終審法院依據《中華人民共和國香港特別行政區基本法》第一百五十八條第三款的規定，提請全國人民代表大會常務委員會解釋如下問題：「（1）根據第十三條第一款的真正解釋，中央人民政府是否有權力決定中華人民共和國的國家豁免規則或政策；（2）如有此權力的話，根據第十三條第一款和第十九條的真正解釋，香港特別行政區（「香港特區」）（包括香港特區的法院）是否：①有責任援用或實施中央人民政府根據第十三條第一款所決定的國家豁免規則或政策；或②反之，可隨意偏離中央人民政府根據第十三條第一款所決定的國家豁免規則或政策，並採取一項不同的規則；（3）中央人民政府決定國家豁免規則或政策是否屬於《基本法》第十九條第三款第一句中所説的「國防、外交等國家行為」；以及（4）香港特區成立後，第十三條第一款、第十九條和香港作為中華人民共和國的特別行政區的地位，對香港原有（即1997年7月1日之前）的有關國家豁免的普通法（如果這些法律與中央人民政府根據第十三條第一款所決定的國家豁免規則或政策有牴觸）所帶來的影響，是否令到這些普通法法律，須按照《基本法》第八條和第一百六十條及於1997年2月23日根據第一百六十條作出的《全國人民代表大會常務委員會的決定》的規定，在適用時作出必要的變更、適應、限制或例外，以確保關於這方面的普通法符合中央人民政府所決定的國家豁免規則或政策。」香港特別行政區終審法院上述提請解釋的做法符合《中華人民共和國香港特別行政區基本法》第一百五十八條第三款的規定。

根據《中華人民共和國憲法》第六十七條第（四）項和《中華人民共和

國香港特別行政區基本法》第一百五十八條的規定，並徵詢全國人民代表大會常務委員會香港特別行政區基本法委員會的意見，全國人民代表大會常務委員會就香港特別行政區終審法院提請解釋的《中華人民共和國香港特別行政區基本法》第十三條第一款和第十九條的規定以及相關問題，作如下解釋：

一、關於香港特別行政區終審法院提請解釋的第（1）個問題。依照《中華人民共和國憲法》第八十九條第(九)項的規定，國務院即中央人民政府行使管理國家對外事務的職權，國家豁免規則或政策屬於國家對外事務中的外交事務範疇，中央人民政府有權決定中華人民共和國的國家豁免規則或政策，在中華人民共和國領域內統一實施。基於上述，根據《中華人民共和國香港特別行政區基本法》第十三條第一款關於「中央人民政府負責管理與香港特別行政區有關的外交事務」的規定，管理與香港特別行政區有關的外交事務屬於中央人民政府的權力，中央人民政府有權決定在香港特別行政區適用的國家豁免規則或政策。

二、關於香港特別行政區終審法院提請解釋的第（2）個問題。依照《中華人民共和國香港特別行政區基本法》第十三條第一款和本解釋第一條的規定，中央人民政府有權決定在香港特別行政區適用的國家豁免規則或政策；依照《中華人民共和國香港特別行政區基本法》第十九條和本解釋第三條的規定，香港特別行政區法院對中央人民政府決定國家豁免規則或政策的行為無管轄權。因此，香港特別行政區法院在審理案件時遇有外國國家及其財產管轄豁免和執行豁免問題，須適用和實施中央人民政府決定適用於香港特別行政區的國家豁免規則或政策。基於上述，根據《中華人民共和國香港特別行政區基本法》第十三條第一款和第十九條的規定，香港特別行政區，包括香港特別行政區法院，有責任適用或實施中央人民政府決定採取的國家豁免規則或政策，不得偏離上述規則或政策，也不得採取與上述規則或政策不同的規則。

三、關於香港特別行政區終審法院提請解釋的第（3）個問題。國家豁免涉及一國法院對外國國家及其財產是否擁有管轄權，外國國家及其財產在一國法院是否享有豁免，直接關係到該國的對外關係和國際權利與義務。因此，決定國家豁免規則或政策是一種涉及外交的國家行為。基於上述，《中華人民共和國香港特別行政區基本法》第十九條第三款規定的「國防、外交等國家行為」包括中央人民政府決定國家豁免規則或政策的行為。

四、關於香港特別行政區終審法院提請解釋的第（4）個問題。依照《中華人民共和國香港特別行政區基本法》第八條和第一百六十條的規定，香港原有法律只有在不抵觸《中華人民共和國香港特別行政區基本法》的情況下才予以保留。根據《全國人民代表大會常務委員會關於根據〈中華人民共和國香港特別行政區基本法〉第一百六十條處理香港原有法律的決定》第四條的規定，採用為香港特別行政區法律的香港原有法律，自1997年7月1日起，在適用時，應作出必要的變更、適應、限制或例外，以符合中華人民共和國對香港恢復行使主權後香港的地位和《基本法》的有關規定。香港特別行政區作為中華人民共和國一個享有高度自治權的地方行政區域，直轄於中央人民政府，必須執行中央人民政府決定的國家豁免規則或政策。香港原有法律中有關國家豁免的規則必須符合上述規定才能在1997年7月1日後繼續適用。基於上述，根據《中華人民共和國香港特別行政區基本法》第十三條第一款和第十九條的規定，依照《全國人民代表大會常務委員會關於根據〈中華人民共和國香港特別行政區基本法〉第一百六十條處理香港原有法律的決定》採用為香港特別行政區法律的香港原有法律中有關國家豁免的規則，從1997年7月1日起，在適用時，須作出必要的變更、適應、限制或例外，以符合中央人民政府決定採取的國家豁免規則或政策。

文件二十三
全國人民代表大會常務委員會關於香港特別行政區行政長官普選問題和 2016 年立法會產生辦法的決定

第十二屆全國人民代表大會常務委員會第十次會議審議了香港特別行政區行政長官梁振英2014年7月15日提交的《關於香港特別行政區2017年行政長官及2016年立法會產生辦法是否需要修改的報告》，並在審議中充分考慮了香港社會的有關意見和建議。

會議指出，2007年12月29日第十屆全國人民代表大會常務委員會第三十一次會議通過的《全國人民代表大會常務委員會關於香港特別行政區2012年行政長官和立法會產生辦法及有關普選問題的決定》規定，2017年香港特別行政區第五任行政長官的選舉可以實行由普選產生的辦法；在行政長官實行普選前的適當時候，行政長官須按照香港基本法的有關規定和《全國人民代表大會常務委員會關於〈中華人民共和國香港特別行政區基本法〉附件一第七條和附件二第三條的解釋》，就行政長官產生辦法的修改問題向全國人民代表大會常務委員會提出報告，由全國人民代表大會常務委員會確定。2013年12月4日至2014年5月3日，香港特別行政區政府就2017年行政長官產生辦法和2016年立法會產生辦法進行了廣泛、深入的公眾諮詢。諮詢過程中，香港社會普遍希望2017年實現行政長官由普選產生，並就行政長官普選辦法必須符合香港基本法和全國人大常委會有關決定、行政長官必須由愛國愛港人士擔任等重要原則形成了廣泛共識。對於2017年行政長官普選辦法和2016年立法會產生辦法，香港社會提出了各種意見和建議。在此基礎上，香港特別行政區行政長官就2017年行政長官和2016年立法會產生辦法修改問題向全國人大常委會提出報告。會議認為，行政長官的報告符合香港基本法、全國人大常委會關於香港基本法附件一第七條和附件二第三條的解釋以及全國人大常委會有關決定的要求，全面、客觀地反映了公眾諮詢的情況，是一個積極、負責、務實的報告。

會議認為，實行行政長官普選，是香港民主發展的歷史性進步，也是香港特別行政區政治體制的重大變革，關係到香港長期繁榮穩定，關係到國家主權、安全和發展利益，必須審慎、穩步推進。香港特別行政區行政長官普選源於香港基本法第四十五條第二款的規定，即「行政長官的產生辦法根據香港特別行政區的實際情況和循序漸進的原則而規定，最終達至由一個有廣泛代表性的提名委員會按民主程序提名後普選產生的目標。」制定行政長官普選辦法，必須嚴格遵循香港基本法有關規定，符合「一國兩制」的原則，符合香港特別行政區的法律地位，兼顧社會各階層的利益，體現均衡參與，有利於資本主義經濟發展，循序漸進地發展適合香港實際情況的民主制度。鑒於香港社會對如何落實香港基本法有關行政長官普選的規定存在較大爭議，全國人大常委會對正確實施香港基本法和決定行政長官產生辦法負有憲制責任，有必要就行政長官普選辦法的一些核心問題作出規定，以促進香港社會凝聚共識，依法順利實現行政長官普選。

會議認為，按照香港基本法的規定，香港特別行政區行政長官既要對香港特別行政區負責，也要對中央人民政府負責，必須堅持行政長官由愛國愛港人士擔任的原則。這是「一國兩制」方針政策的基本要求，是行政長官的法律地位和重要職責所決定的，是保持香港長期繁榮穩定，維護國家主權、安全和發展利益的客觀需要。行政長官普選辦法必須為此提供相應的制度保障。

會議認為，2012年香港特別行政區第五屆立法會產生辦法經過修改後，已經向擴大民主的方向邁出了重大步伐。香港基本法附件二規定的現行立法會產生辦法和表決程序不作修改，2016年第六屆立法會產生辦法和表決程序繼續適用現行規定，符合循序漸進地發展適合香港實際情況的民主制度的原則，符合香港社會的多數意見，也有利於香港社會各界集中精力優先處理行政長官普選問題，從而為行政長官實行普選後實現立法會全部議員由普選產生的目標創造條件。

鑒此，全國人民代表大會常務委員會根據《中華人民共和國香港特別行政區基本法》、《全國人民代表大會常務委員會關於〈中華人民共和國香港特別行政區基本法〉附件一第七條和附件二第三條的解釋》和《全國人民代表大會常務委員會關於香港特別行政區2012年行政長官和立法會產生辦法及有關普選問題的決定》的有關規定，決定如下：

一、從2017年開始，香港特別行政區行政長官選舉可以實行由普選產生的辦法。

二、香港特別行政區行政長官選舉實行由普選產生的辦法時：

（一）須組成一個有廣泛代表性的提名委員會。提名委員會的人數、構成和委員產生辦法按照第四任行政長官選舉委員會的人數、構成和委員產生辦法而規定。

（二）提名委員會按民主程序提名產生二至三名行政長官候選人。每名候選人均須獲得提名委員會全體委員半數以上的支持。

（三）香港特別行政區合資格選民均有行政長官選舉權，依法從行政長官候選人中選出一名行政長官人選。

（四）行政長官人選經普選產生後，由中央人民政府任命。

三、行政長官普選的具體辦法依照法定程序通過修改《中華人民共和國香港特別行政區基本法》附件一《香港特別行政區行政長官的產生辦法》予以規定。修改法案及其修正案應由香港特別行政區政府根據香港基本法和本決定的規定，向香港特別行政區立法會提出，經立法會全體議員三分之二多數通過，行政長官同意，報全國人民代表大會常務委員會批准。

四、如行政長官普選的具體辦法未能經法定程序獲得通過，行政長官的選舉繼續適用上一任行政長官的產生辦法。

五、香港基本法附件二關於立法會產生辦法和表決程序的現行規定不作修改，2016年香港特別行政區第六屆立法會產生辦法和表決程序，繼續適用第五屆立法會產生辦法和法案、議案表決程序。

在行政長官由普選產生以後，香港特別行政區立法會的選舉可以實行全部議員由普選產生的辦法。在立法會實行普選前的適當時候，由普選產生的行政長官按照香港基本法的有關規定和《全國人民代表大會常務委員會關於〈中華人民共和國香港特別行政區基本法〉附件一第七條和附件二第三條的解釋》，就立法會產生辦法的修改問題向全國人民代表大會常務委員會提出報告，由全國人民代表大會常務委員會確定。

會議強調，堅定不移地貫徹落實「一國兩制」、「港人治港」、高度自治方針政策，嚴格按照香港基本法辦事，穩步推進2017年行政長官由普選產生，是中央的一貫立場。希望香港特別行政區政府和香港社會各界依照香港基本法和本決定的規定，共同努力，達至行政長官由普選產生的目標。

文件二十四

關於《全國人民代表大會常務委員會關於香港特別行政區行政長官普選問題和2016年立法會產生辦法的決定（草案）》的說明

（2014年8月27日在第十二屆全國人民代表大會常務委員會第十次會議上全國人大常委會副秘書長李飛）

全國人民代表大會常務委員會：

我受委員長會議的委託，現對《全國人民代表大會常務委員會關於香港特別行政區行政長官普選問題和2016年立法會產生辦法的決定（草案）》作說明。

依照《中華人民共和國香港特別行政區基本法》（以下簡稱「香港基本法」）的規定和《全國人民代表大會常務委員會關於〈中華人民共和國香港特別行政區基本法〉附件一第七條和附件二第三條的解釋》，2014年7月15日，香港特別行政區行政長官梁振英向全國人大常委會提交了《關於香港特別行政區2017年行政長官及2016年立法會產生辦法是否需要修改的報告》（以下簡稱「行政長官報告」）。8月18日，委員長會議決定將審議行政長官報告列入十二屆全國人大常委會第十次會議議程，並委託中央有關部門負責人聽取了香港特別行政區全國人大代表、全國政協委員、全國人大常委會香港特別行政區基本法委員會香港委員和香港各界人士的意見，同時徵求了國務院港澳事務辦公室的意見。8月26日，常委會分組審議了行政長官報告。

常委會組成人員指出，香港基本法第四十五條第二款規定：「行政長官的產生辦法根據香港特別行政區的實際情況和循序漸進的原則而規定，最終達至由一個有廣泛代表性的提名委員會按民主程序提名後普選產生的目標。」2007年12月29日通過的《全國人民代表大會常務委員會關於香港特別行政區2012年行政長官和立法會產生辦法及有關普選問題的決定》明確提出：「2017年香港特別行政區第五任行政長官的選舉可以實行由普選產生的辦法；在行政長官由普選產生以後，香港特別行政區立法會的選舉可以實行全部議員由普選產生的辦法。」該決定還重申了香港基本法及其解釋的有關規定，即在行政長官實行普選前的適當時候，行政長官須就行政長官產生辦法的修改問題向全國人大常委會提出報告，由全國人大常委會確定。常委會組成人員認為，隨著2017年的臨近，現在需要就2017年行政長官產生辦法和2016年立法會產生辦法有關問題作出決定。行政長官向全國人大常委會提交有關報告，是必要的，也是及時的。行政長官報告全面、客觀地反映了香港社會有關行政長官普選辦法和2016年立法會產生辦法的意見和訴求，既反映了共識，也反映了分歧，是一個積極、負責、務實的報告。

常委會組成人員認為，香港特別行政區實行行政長官普選，是香港民主發展的歷史性進步，也是香港特別行政區政治體制的重大變革，關係到香港長期繁榮穩定，關係到國家主權、安全和發展利益，必須審慎、穩步推進，防範可能帶來的各種風險。香港特別行政區行政長官普選源於香港基本法的規定，制定行政長官普選辦法，必須嚴格遵循香港基本法有關規定，符合「一國兩制」的原則，符合香港特別行政區的法律地位，兼顧社會各階層利益，體現均衡參與，有利於資本主義經濟發展，循序漸進地發展適合香港實際情況的民主制度。常委會組成人員認為，中央在制定對香港基本方針政策時就明確提出了「港人治港」的界線和標準，就是必須由以愛國者為主體的港人來治理香港。根據香港基本法的規定，香港特別行政區行政長官既是香港特別行政區的首長，也是香港特別行政區政府的首長；既要對香港特別行政區負責，也要對中央人民政府負責；必須宣誓擁護中華人民共和國香港特別行政區基本法，效忠中華人民共和國香港特別行政區。因此，香港特別行政區行政長官必須由愛國愛港人士擔任，是「一國兩制」方針政策的基本要求，是香港基本法規定的行政長官的法律地位和重要職責所決定的，是保持香港長期繁榮穩定，維護國家主權、安全和發展利益的客觀需要。行政長官普選辦法必須為此提供相應的制度保障。

常委會組成人員認為，回歸十七年來，香港社會仍然有少數人對「一國兩制」方針政策缺乏正確認識，不遵守香港基本法，不認同中央政府對香港的管治權。在行政長官普選問題上，香港社會存在較大爭議，少數人甚至提出違反香港基本法的主張，公然煽動違法活動。這種情況勢必損害香港特別行政區的法治，損害廣大香港居民和各國投資者的利益，損害香港的長期繁榮穩定，必須予以高度關注。常委會組成人員認為，全國人大常委會對正確實施香港基本法和決定行政長官產生辦法負有憲制責任，有必要就行政長官普選辦法的一些核心問題作出規定，促進香港社會凝聚共識，確保行政長官普選在香港基本法和全國人大常委會有關決定規定的正確軌道上進行。

國務院港澳事務辦公室認為，儘管香港社會在行政長官普選的具體辦法問題上仍存在較大分歧，但社會各界普遍希望2017年行政長官由普選產生。為此，根據2007年12月29日全國人大常委會的有關決定，可同意2017年香港特別行政區行政長官選舉實行由普選產生的辦法，同時需要對行政長官普選辦法的核心問題作出必要規定，以利於香港社會進一步形成共識。2016年立法會產生辦法可不作修改。

根據香港基本法的規定和常委會組成人員對行政長官報告的審議意見，並認真考慮了國務院港澳事務辦公室的意見和行政長官報告提出的意見，委員長會議提出了《全國人民代表大會常務委員會關於香港特別行政區行政長官普選問題和2016年立法會產生辦法的決定（草案）》，現就草案的內容説明如下：

一、關於從2017年開始行政長官可以由普選產生

根據香港基本法和2007年12月29日全國人大常委會的有關決定以及常委會組成人員的審議意見，草案第一條規定：「從2017年開始，香港特別行政區行政長官選舉可以實行由普選產生的辦法。」這一條規定的主要考慮是：

第一，草案採用「從2017年開始，香港特別行政區行政長官選舉可以實行由普選產生的辦法」的表述，表明2017年第五任行政長官及以後各任行政長官都可以實行由普選產生的辦法。

第二，香港基本法第四十五條規定，行政長官產生辦法最終要達至由普選產生的目標。2007年12月29日全國人大常委會的有關決定進一步提出：「2017年香港特別行政區第五任行政長官的選舉可以實行由普選產生的辦法，草案第一條的規定，明確了2017年及以後各任行政長官可以實行由普選產生辦法，符合香港基本法和全國人大常委會上述決定。」

第三，香港社會對行政長官普選問題已經討論多年，形成了四點共識，即：香港社會普遍期望2017年落實普選行政長官；普遍認同按照香港基本法和全國人大常委會的相關解釋及決定制定行政長官普選辦法；普遍認同成功落實行政長官普選對保持香港的發展及長期繁榮穩定有正面作用；普遍認同行政長官人選必須愛國愛港。從2017年開始，行政長官選舉採用普選的辦法，符合香港社會的共同意願。

二、關於行政長官普選制度核心問題的規定

香港基本法第四十五條對行政長官普選已經作出比較明確的規定。根據香港基本法和常委會組成人員的審議意見以及其他方面的意見，草案第二條對行政長官普選制度核心問題作了以下規定：

（一）關於提名委員會的組成。草案第二條第一項規定：「提名委員會的人數、構成和委員產生辦法按照第四任行政長官選舉委員會的人數、構成和委員產生辦法而規定。」按照這一規定，將來香港基本法附件一修正案規定的提名委員會應沿用目前選舉委員會由1200人、四大界別同等比例組成的辦法，並維持香港基本法附件一現行有關委員產生辦法的規定。這一規定的主要考慮是：

第一，從香港基本法立法原意看，香港基本法第四十五條第二款規定的有「廣泛代表性」的提名委員會，其「廣泛代表性」的內涵與香港基本法附件一規定的選舉委員會的「廣泛代表性」的內涵是一致的，即由四個界別同等比例組成，各界別的劃分，以及每個界別中何種組織可以產生委員的名額，由香港特別行政區制定選舉法加以規定，各界別法定團體根據法定的分配名額和選舉辦法自行選出委員。2007年12月29日全國人大常委會的有關決定中關於「提名委員會可參照香港基本法附件一有關選舉委員會的現行規定組成」的規定，指明瞭提名委員會與選舉委員會在組成上的一致關係。鑒於香港社會對這個問題仍存在不同認識，為正確貫徹落實香港基本法的規定，有必要作進一步明確。

第二，行政長官選舉委員會的組成辦法是香港基本法起草時經過廣泛諮詢和討論所形成的共識。香港回歸以來行政長官的選舉實踐證明，選舉委員會能夠涵蓋香港社會各方面有代表性的人士，體現了社會各階層、各界別的均衡參與，符合香港的實際情況。提名委員會按照目前的選舉委員會組建，既是香港基本法有關規定的要求，也是行政長官普選時體現均衡參與、防範各種風險的客觀需要。

第三，香港社會較多意見認同提名委員會應參照目前的選舉委員會的組成方式組成，有不少意見認為提名委員會的人數、構成和委員產生辦法等方面應採用目前選舉委員會的規定。考慮到有關第四任行政長官選舉委員會的規定是2010年修改行政長官產生辦法時作出的，並經全國人大常委會批准，委員總數已從800人增加到1,200人，四個界別同比例增加，獲得各方面的認同和支持，提名委員會按照這一選舉委員會的人數、構成和委員產生辦法作出規定比較適當。

（二）關於行政長官候選人的人數。草案第二條第二項規定：「提名委員會按民主程序提名產生二至三名行政長官候選人。」這一規定的主要考慮是：

第一，行政長官候選人人數規定為二至三名，可以確保選舉有真正的競爭，選民有真正的選擇，並可以避免因候選人過多造成選舉程序複雜、選舉成本高昂等問題。

第二，香港回歸以來舉行的行政長官選舉中，各次選舉幾乎都是在二至三名候選人之間競選。確定二至三名候選人比較符合香港的選舉實踐。

（三）關於行政長官候選人須獲得提名委員會過半數支持。草案第二條第二項規定：「每名候選人均須獲得提名委員會全體委員半數以上的支持。」這一規定的主要考慮是：

第一，香港基本法規定的提名委員會是一個專門的提名機構，提名委員會行使提名行政長官候選人的權力，是作為一個機構整體行使權力，必須體現機構的集體意志。香港基本法第四十五條第二款規定的「民主程序」應當貫徹少數服從多數的民主原則，以體現提名委員會集體行使權力的要求。因此，規定行政長官候選人必須獲得提名委員會委員過半數支持是適當的。

第二，提名委員會將由四大界別同比例組成，規定候選人必須獲得提名委員會委員過半數支持，候選人就需要在提名委員會不同界別中均獲得一定的支持，有利於體現均衡參與原則，兼顧香港社會各階層利益。

第三，行政長官報告表明，香港社會有不少意見認同行政長官候選人需要獲得提名委員會委員一定比例的支持。全國人大常委會辦公廳聽取的意見中，有不少人建議對這個比例作出明確規定。為此，進一步明確行政長官候選人須獲得提名委員會委員過半數支持，符合香港基本法的規定，有助於促進香港社會凝聚共識。

（四）關於行政長官選舉的投票辦法。香港基本法第二十六條規定：「香港特別行政區永久性居民依法享有選舉權和被選舉權」。據此，草案第二條第三項規定：「香港特別行政區合資格選民均有行政長官選舉權，依法從行政長官候選人中選出一名行政長官人選。」根據這一規定，全體合資格選民將人人有權直接參與選舉行政長官，體現了選舉權普及而平等的原則，是香港民主發展的歷史性進步。

（五）關於行政長官的任命。香港基本法第四十五條第一款規定：「香港特別行政區行政長官在當地通過選舉或協商產生，由中央人民政府任命。」據此，草案第二條第四項規定：「行政長官人選經普選產生後，由中央人民政府任命。」中央在制定對香港基本方針政策和香港基本法時就已明確指出，中央人民政府的任命權是實質性的。對在香港當地選舉產生的行政長官人選，中央人民政府具有任命和不任命的最終決定權。

三、關於行政長官產生辦法修正案的提出

在香港基本法中，行政長官的具體產生辦法由附件一加以規定。修改行政長官產生辦法，需要根據全國人大常委會的有關決定，由香港特別行政區政府提出有關修改行政長官產生辦法的法案及其修正案。據此，草案第三條規定：「行政長官普選的具體辦法依照法定程序通過修改《中華人民共和國香港特別行政區基本法》附件一香港特別行政區行政長官的產生辦法予以規定。修改法案及其修正案應由香港特別行政區政府根據香港基本法和本決定的規定，向香港特別行政區立法會提出，經立法會全體議員三分之二多數通過，行政長官同意，報全國人民代表大會常務委員會批准。」

四、關於行政長官產生辦法如果不作修改繼續適用現行規定的問題

根據2004年全國人大常委會解釋的規定，行政長官的產生辦法、立法會的產生辦法和法案、議案的表決程序如果不作修改，仍適用原來兩個產生辦法和法案、議案表決程序的規定。2007年全國人大常委會在關於香港特別行政區2012年行政長官和立法會產生辦法及有關普選問題的決定中重申了上述內容。據此，草案第四條規定：「如行政長官普選的具體辦法未能經法定程序獲得通過，行政長官的選舉繼續適用上一任行政長官的產生辦法。」

五、關於2016年立法會產生辦法修改問題

行政長官報告提出，香港社會普遍認同目前應集中精力處理好普選行政長官的辦法；由於2012年立法會產生辦法已作較大變動，普遍認同就2016年立法會產生辦法毋須對基本法附件二作修改。常委會組成人員審議認為，2012年香港特別行政區第五屆立法會產生辦法經過修改後已經向擴大民主的方向邁出了重大步伐，香港基本法附件二規定的現行立法會產生辦法和表決程序不作修改，即2016年第六屆立法會產生辦法和表決程序繼續適用現行規定，符合循序漸進地發展適合香港實際情況的民主制度的原則，符合香港社會的多數意見，也有利於社會各界集中精力優先處理行政長官普選問題，並為在行政長官實行普選後實現立法會全部議員由普選產生的目標創造條件。根據常委會組成人員的審議意見和各方面的意見，草案第五條規定：「香港基本法附件二關於立法會產生辦法和表決程序的現行規定不作修改，2016年香港特別行政區第六屆立法會產生辦法和表決程序，繼續適用第五屆立法會產生辦法和法案、議案表決程序。」為了體現中央堅定不移地發展香港民主制度的一貫立場，推動實現立法會全部議員由普選產生的目標，該條還規定：「在行政長官由普選產生以後，香港特別行政區立法會的選舉可以實行全部議員由普選產生的辦法。在立法會實行普選前的適當時候，由普選產生的行政長官按照香港基本法的有關規定和《全國人民代表大會常務委員會關於〈中華人民共和國香港特別行政區基本法〉附件一第七條和附件二第三條的解釋》，就立法會產生辦法的修改問題向全國人民代表大會常務委員會提出報告，由全國人民代表大會常務委員會確定。」

《全國人民代表大會常務委員會關於香港特別行政區行政長官普選問題和2016年立法會產生辦法的決定（草案）》和以上說明是否妥當，請審議。

PART IV 歷屆重點試題

每個練習限時二十分鐘完成

重點練習(一)

1. 香港特別行政區的土地和自然資源收入：

   A. 需上繳中央
   B. 部份收益需上繳中央
   C. 不需上繳中央，除非是售賣土地的收益
   D. 不需上繳中央

2. 根據《基本法》第十條，香港特別行政區的區旗是由以下哪些特徵組成？

   A. 五星花蕊的洋金菊花紅色旗
   B. 五星花蕊的紫荊花紅色旗
   C. 五星花蕊的紫荊花藍色旗
   D. 五金星花蕊的紫荊花橙色旗

3. 下列哪條並不是列於《基本法》第十八條及附件三之全國性法律？

   A. 《中華人民共和國國旗法》
   B. 《全國人民代表大會議事規則 》
   C. 《關於中華人民共和國國慶日的決議》
   D. 《中華人民共和國專屬經濟區和大陸架法》

4. 根據《基本法》第二十三條，香港特別行政區應自行立法禁止以下之行為？

   A. 任何叛國
   B. 分裂國家
   C. 危及國家安全
   D. 顛覆中央人民政府

5. 根據《基本法》第三十五條，下列哪項並不是香港居民可以享有的權利？

A. 秘密法律諮詢
B. 向法院提起訴訟
C. 選擇律師及時保護自己的違法行為
D. 有權對政府「行政部門」和「行政人員」的行為向法院提起訴訟

6. 根據甚麼條例，新界原居民的權益會根據香港特別行政區的______保護？

A. 大清律例
B. 基本法
C. 普通法
D. 合法傳統權益

7. 根據《基本法》第四十五條，香港特別行政區的「行政長官」是由誰任命？

A. 全國人民代表大會
B. 中央人民政府
C. 中華人民共和國主席
D. 中華人民共和國國務院總理

8. 根據《基本法》第四十八條，以下哪項並不是行政長官所行使的職權？

A. 決定政府政策和發佈行政命令
B. 批准向立法會提出有關財政收入或支出的動議
C. 赦免或減輕刑事罪犯的刑罰
D. 委任三分之一的立法會議員

9. 香港特別行政區行政長官如認為立法會通過的法案不符合香港特別行政區的＿＿＿＿＿，可在三個月內將法案發回立法會重議？

A. 實際利益
B. 整體利益
C. 社會利益
D. 公共利益

10. 根據《基本法》第六十三條，以下哪位是負責主管香港特別行政區之刑事檢察工作，不受任何干涉？

A. 警務處　　B. 廉政公署
C. 律政司　　D. 以上各項皆是

11. 香港特別行政區立法會舉行會議的法定人數為不少於＿＿＿的二分之一？

A. 功能團體選舉產生的議員
B. 分區直接選舉的議員
C. 全體議員
D. 當天出席立法會會議的議員

12. 香港特別行政區政府可任用原香港公務人員中的或持有香港特別行政區永久性居民身分證的英籍和其他外籍人士擔任政府部門的各級公務人，但下列哪位官員並不須由在外國無居留權的香港特別行政區永久性居民中的中國公民擔任？

A. 警務處處長
B. 海關關長
C. 入境事務處處長
D. 申訴專員

13. 香港特別行政區經中央人民政府授權繼續進行船舶登記，並根據香港特別行政區的法律以_____的名義頒發有關證件。

A. 中國　　B. 香港
C. 香港特區　　D. 中國香港

14. 香港特別行政區不可以在下列領域中，以「中國香港」的名義，單獨地同世界各國、各地區及有關國際組織保持和發展關係，簽訂和履行有關協議。

A. 經濟　　B. 旅遊
C. 體育　　D. 環保

15. 在1996年內，全國人民代表大會設立香港特別行政區籌備委員會，負責籌備成立香港特別行政區的有關事宜，根據本決定規定第一屆政府和立法會的具體產生辦法。籌備委員會由__________委員組成？

A. 內地的委員組成
B. 香港的委員組成
C. 內地和香港各50%的委員組成
D. 內地和不少於50%的香港委員組成

練習（一）答案：

1. D	2. B	3. B	4. C	5. C
6. D	7. B	8. D	9. B	10. C
11. C	12. D	13. D	14. D	15. D

重點練習(二)

1. 香港特別行政區境內的土地和自然資源屬於國家所有，由香港特別行政區政府負責管理、使用、開發、出租或批給____使用或開發，其收入全歸香港特別行政區政府支配。

A. 個人
B. 個人、法人
C. 個人、法人或團體
D. 私人、法人或團體

2. 香港原有法律，即____法、____法、____、　____和____，除同本法相抵觸或經香港特別行政區的立法機關作出修改者外，予以保留。

A. 普通法、衡平法、條例、附屬立法和習慣法
B. 普通法、平衡法、條例、附屬立法和習慣法
C. 普通法、衡平法、附例、附屬立法和習慣法
D. 普通法、條例、衡平法、附屬立法和習慣法

3. 香港特別行政區的教育、科學、技術、文化、藝術、體育、專業、醫療衛生、勞工、社會福利、社會工作等方面的民間團體和宗教組織同內地相應的團體和組織的關係，應以____的原則為基礎。

A. 互不干涉、互不隸屬和互相尊重
B. 互不隸屬、互不干涉和互相尊重
C. 互相尊重、互不干涉和互不隸屬
D. 互相尊重、互不隸屬和互不干涉

4. 中央人民政府負責管理香港特別行政區的防務。香港特別行政區政府負責維持香港特別行政區的社會治安。中央人民政府派駐香港特別行政區負責防務的軍隊不干預香港特別行政區的地方事務。香港特別行政區政府在必要時，可向中央人民政府請求駐軍協助維持社會治安和救助災害。駐軍人員須遵守____。駐軍費用由中央人民政府負擔。

A. 全國性的法律
B. 香港特別行政區的法律
C. 全國性的法律及香港特別行政區的法律
D. 香港特別行政區的法律及全國性的法律

5. 中央人民政府所屬各部門、各省、自治區、直轄市均不得干預香港特別行政區根據本法自行管理的事務。中央各部門、各省、自治區、直轄市如需在香港特別行政區設立機構，須徵得____。中央各部門、各省、自治區、直轄市在香港特別行政區設立的一切機構及其人員均須遵守香港特別行政區的法律。中國其他地區的人進入香港特別行政區須辦理批准手續，其中進入香港特別行政區定居的人數由中央人民政府主管部門徵求香港特別行政區政府的意見後確定。香港特別行政區可在北京設立辦事機構。

A. 香港特別行政區政府同意
B. 中央人民政府批准
C. 中央人民政府批准並經香港特別行政區政府同意
D. 香港特別行政區政府同意並經中央人民政府批准

6. 香港特別行政區永久性居民依法享有____。

A. 選舉權
B. 選舉權和被選舉權
C. 提名權和被提名權
D. 選舉權、被選舉權、提名權和被提名權

7. 在香港特別行政區境內的香港居民以外的其他人，依法享有本章規定的香港居民的______。

A. 權利　　B. 自由
C. 權利和自由　　D. 自由和權利

8. 香港特別行政區行政長官是____的首長，代表____。 香港特別行政區行政長官依照本法的規定對中央人民政府和香港特別行政區負責。

A. 香港特別行政區、香港特別行政區
B. 香港特別行政區政府、香港特別行政區
C. 香港特別行政區、香港特別行政區政府
D. 香港特別行政區政府、香港特別行政區政府

9. 公務人員應根據其本人的__予以任用和提升，香港原有關於公務人員的招聘、僱用、考核、紀律、培訓和管理的制度，包括負責公務人員的任用、薪金、服務條件的專門機構，除有關給予外籍人員特權待遇的規定外，予以保留。

A. 才能、資格和經驗　　B. 資格、經驗和才能
C. 學歷、經驗和才能　　D. 才能、學歷和經驗

10. 香港特別行政區依法保護____財產的取得、使用、處置和繼承的權利，以及依法徵用私人和法人財產時被徵用財產的所有人得到補償的權利。徵用財產的補償應相當於該財產當時的實際價值，可自由兌換，不得無故遲延支付。

A. 私人
B. 私人和法人
C. 私人、法人和團體
D. 個人、法人和團體

11. 中央人民政府授權香港特別行政區政府：

(一) 同其他當局商談並簽訂有關執行本法第一百三十三條所指民用航空運輸協定和臨時協議的各項安排；

(二) 對在____並以香港為主要營業地的航空公司簽發執照；

(三) 依照本法第一百三十三條所指民用航空運輸協定和臨時協議指定航空公司；

(四) 對外國航空公司除往返、經停中國內地的航班以外的其他航班簽發許可證。

A. 香港
B. 以香港為主要營業地
C. 香港特別行政區註冊
D. 以香港為主要營業地並在香港特別行政區註冊

12. 各類院校均可保留其____，可繼續從香港特別行政區以外招聘教職員和選用教材。宗教組織所辦的學校可繼續提供宗教教育，包括開設宗教課程。

A. 獨立性並享有學術自由
B. 學術自由並享有獨立性
C. 自主性並享有學術自由
D. 學術自由並享有自主性

13. 中央人民政府負責管理與香港特別行政區有關的外交事務。____在香港設立機構處理外交事務。中央人民政府授權香港特別行政區依照本法自行處理有關的對外事務。

A. 中央人民政府
B. 中華人民共和國外交部
C. 全國人民代表大會
D. 國務院

14. 外國在香港特別行政區設立領事機構或其他官方、半官方機構，須經____批准。已同中華人民共和國建立正式外交關係的國家在香港設立的領事機構和其他官方機構，可予保留。尚未同中華人民共和國建立正式外交關係的國家在香港設立的領事機構和其他官方機構，可根據情況允許保留或改為半官方機構。尚未為中華人民共和國承認的國家，只能在香港特別行政區設立民間機構。

A. 中華人民共和國外交部

B. 中央人民政府

C. 香港特別行政區政府

D. 國務院

15. 除了《基本法》附件二第二項目提及立法會對法案、議案的表決程序的另有規定外，香港特別行政區立法會對法案和議案的表決採取下列程序：

政府提出的法案，如獲得出席會議的全體議員的過半數票，即為通過。立法會議員個人提出的議案、法案和對政府法案的修正案均須分別經功能團體選舉產生的議員和分區直接選舉、選舉委員會選舉產生的議員兩部分出席會議議員_____通過。

A. 各過半數

B. 全體

C. 各過三分之二多數

D. 各過四分之三多數

練習（二）答案：

1. C	2. A	3. B	4. C	5. D
6. B	7. C	8. A	9. B	10. B
11. C	12. C	13. B	14. B	15. A

重點練習(三)

1. 香港特別行政區不實行社會主義制度和政策，保持原有的_____，五十年不變。

A. 制度和政策
B. 政策和生活方式
C. 制度和和生活方式
D. 資本主義制度和生活方式

2. 香港特別行政區法院獨立進行審判，不受任何干涉，司法人員_____不受法律追究。

A. 的行為　　B. 的言論
C. 履行審判職責的行為　　D. 履行審判職責言論

3. 香港特別行政區的_____中保留原在香港適用的原則和當事人享有的權利。

A. 刑事訴訟
B. 刑事訴訟和民事訴訟
C. 刑事訴訟、民事訴訟和行政訴訟
D. 刑事訴訟、行政訴訟和民事訴訟

4. 香港特別行政區政府_____，鼓勵各項投資、技術進步並開發新興產業。

A. 提供經濟和法律環境
B. 制定經濟的法規
C. 帶動創新的思維
D. 建立開放的形像

5. 香港特別行政區成立以前已批出、決定、或續期的超越一九九七年六月三十日年期的所有土地契約和與土地契約有關的一切權利，均按香港特別行政區的法律繼續_____。

A. 有效　　B. 承認和有效

C. 予以承認　　D. 予以承認和保護

6. 中央人民政府授權香港特別行政區政府：

同其他當局商談並簽訂有關執行本法第一百三十三條所指民用航空運輸協定和臨時協議的各項安排；對在香港特別行政區註冊並以香港為主要營業地的航空公司簽發執照；依照本法第一百三十三條所指民用航空運輸協定和臨時協議指定航空公司； 對外國航空公司除_____的航班以外的其他航班簽發許可證。

A. 往返中國內地主要城市

B. 往返中國內地

C. 往返、經停中國內地

D. 往返、經停中國內地主要城市

7. 香港原有法律，即普通法、衡平法、條例、附屬立法和習慣法，除同_____，予以保留。

A. 基本法相抵觸外

B. 基本法相抵觸或經香港特別行政區的立法機關作出修改者外

C. 基本法相抵觸或經全國人民代表大會常務委員會作出解釋者外

D. 基本法相抵觸、或經香港特別行政區的立法機關作出修改者或經全國人民代表大會常務委員會作出解釋者外

8. 中央人民政府依照本法第四章的規定任命香港特別行政區_____。

A. 行政長官
B. 行政長官、行政機關的主要官員和終審法院首席法官
C. 行政長官、行政機關的主要官員和行政會議的成員
D. 行政長官和行政機關的主要官員

9. 香港特別行政區可享有_____授予的其他權力。

A. 全國人民代表大會
B. 全國人民代表大會和全國人民代表大會常務委員會
C. 全國人民代表大會和全國人民代表大會常務委員會及中央人民政府
D. 全國人民代表大會和中央人民政府

10. 香港特別行政區_____依法享有選舉權和被選舉權。

A. 居民
B. 永久性居民
C. 永久性居民和非永久性居民
D. 公民

11. 香港特別行政區行政長官由年滿_____周歲，在香港通常居住連續滿_____並在外國無居留權的香港特別行政區永久性居民中的中國公民擔任。

A. 四十、十五
B. 四十、二十
C. 四十五、二十
D. 四十五、十五

12. 香港特別行政區立法會通過的法案，須經_____簽署、公佈，方能生效。

A. 立法會主席
B. 律政司司長
C. 終審法院首席法官
D. 行政長官

13. 香港特別行政區立法會議員如有下列情況之一，由立法會主席宣告其喪失立法會議員的資格：

A. 因嚴重疾病或其他情況無力履行職務
B. 未得到立法會主席的同意，連續三個月不出席會議
C. 在香港特別行政區區內或區外被判犯有刑事罪行，判處監禁一個月以上
D. 行為不檢或違反誓言而經立法會出席會議的議員三分之二通過譴責

14. 中華人民共和國締結的國際協議，中央人民政府可根據香港特別行政區的情況和需要，在徵詢_____的意見後，決定是否適用於香港特別行政區。

A. 香港特別行政區行政長官
B. 香港特別行政區政府
C. 立法會
D. 香港特別行政區行政長官和行政會議

15. 香港特別行政區法院在審理案件時對本法的其他條款也可解釋。但如香港特別行政區法院在審理案件時需要對本法關於中央人民政府管理的事務或中央和香港特別行政區關係的條款進行解釋，而該條款的解釋又影響到案件的判決，在對該案件作出不可上訴的終局判決前，應由香港特別行政區終審法院請全國人民代表大會常務委員會對有關條款作出解釋。如全國人民代表大會常務委員會作出解釋，香港特別行政區法院在引用該條款時，應以全國人民代表大會常務委員會的解釋為準。但在此以前作出的判決_____。

A. 不受影響

B. 應以全國人民代表大會常務委員會的解釋作出修改

C. 須經香港特別行政區終審法院作出修改

D. 須經香港特別行政區終審法院理解全國人民代表大會常務委員會的解釋後再作決定

練習（三）答案：

1. D	2. C	3. B	4. A	5. D
6. C	7. B	8. D	9. C	10. B
11. B	12. D	13. A	14. B	15. A

重點練習(四)

1. 香港原有法律，即_____法、衡平法、條例、附屬立法和習慣法，除同本法相抵觸或經香港特別行政區的立法機關作出修改者外，予以保留。

A. 英國國會法
B. 普通法
C. 行政法
D. 附屬條例

2. 香港特別行政區除懸掛中華人民共和國國旗和國徽外，還可使用香港特別行政區區旗和區徽。香港特別行政區的區旗是五星花蕊的紫荊花紅旗。香港特別行政區的區徽，中間是________________。

A. 五星花蕊的洋金菊花，周圍寫有「中華人民共和國香港特別行政區」和英文「香港」
B. 五星花蕊的薰衣草花，周圍寫有「中華人民共和國香港特別行政區」和英文「香港」
C. 五星花蕊的紫荊花，周圍寫有「中華人民共和國香港特別行政區」和英文「香港」
D. 五星花蕊的紫丁花，周圍寫有「中華人民共和國香港特別行政區」和英文「香港」

3. 香港特別行政區的立法機關制定的法律須報全國人民代表大會常務委員會備案。備案不影響該法律的生效。

全國人民代表大會常務委員會在徵詢其所屬的香港特別行政區基本法委員會後，如認為香港特別行政區立法機關制定的任何法律不符合本法關於中央管理的事務及中央和香港特別行政區的關係的條款，可將＿＿＿＿＿。經全國人民代表大會常務委員會發回的法律立即失效。該法律的失效，除香港特別行政區的法律另有規定外，無溯及力。

A. 可將有關法律發回，再作修改
B. 可將有關法律發回，但不作修改
C. 可將有關法律發回，然後存檔
D. 可將有關法律發回，稍為修改

4. 香港特別行政區法院除繼續保持香港原有法律制度和原則對法院審判權所作的限制外，對香港特別行政區所有的案件均有審判權。香港特別行政區法院對＿＿＿＿＿＿無管轄權。

香港特別行政區法院在審理案件中遇有涉及國防、外交等國家行為的事實問題，應取得行政長官就該等問題發出的證明文件，上述文件對法院有約束力。行政長官在發出證明文件前，須取得中央人民政府的證明書。

A. 中港兩地之案件
B. 公海所犯之案件
C. 國防、外交等國家行為
D. 上訴至國際法庭之案件

5. 香港特別行政區居民，簡稱香港居民，包括永久性居民和非永久性居民。

香港特別行政區非永久性居民為：有資格依照香港特別行政區法律取得香港居民身分證，但沒有______的人。

A. 資格領取房屋福利的人
B. 資格領取綜援福利的人
C. 出入境自由的人
D. 居留權的人

6. 香港特別行政區永久性居民依法享有______權。

A. 自由生育的權
B. 言論自由的權
C. 選舉權和被選舉權
D. 出入境自由的權

7. 根據基本法第四十八條，下列哪一項不是行政長官行使的職權：

A. 聘任主要官員
B. 負責執行本法和依照本法適用於香港特別行政區的其他法律
C. 任免各級法院法官
D. 代表香港特別行政區政府處理中央授權的對外事務和其他事務

8. 香港特別行政區行政長官如認為立法會通過的法案不符合香港特別行政區的整體利益，可在三個月內將法案發回______重議，立法會如以不少於全體議員三分之二多數再次通過原案，行政長官必須在一個月內簽署公佈或按本法第五十條的規定處理。

A. 特別行政區政府
B. 立法會
C. 行政會
D. 終審法院

9. 香港特別行政區政府的首長是香港特別行政區行政長官。而下列哪一位並不是香港特別行政區政府所設之職務？

A. 政務司
B. 財政司
C. 律政司
D. 布政司

10. 下列哪項不是香港特別行政區立法會主席所行使之職權？

A. 主持會議
B. 決定開會時間
C. 決定立法會議員在會議期間之衣著
D. 在休會期間可召開特別會議

11. 香港特別行政區法院的法官只有在_________或行為不檢的情況下，行政長官才可根據終審法院首席法官任命的不少於三名當地法官組成的審議庭的建議，予以免職。

A. 無力履行職責
B. 錯判案件
C. 判案時言論失當
D. 經驗不足

12. 香港特別行政區的外匯基金，由_______管理和支配，主要用於調節港元匯價。

A. 中央人民政府
B. 中央銀行
C. 香港特別行政區政府
D. 金融管理局

13. 香港特別行政區為單獨的關稅地區。香港特別行政區可以「________」的名義參加《關稅和貿易總協定》、關於國際紡織品貿易安排等有關國際組織和國際貿易協定，包括優惠貿易安排。

A. 中華人民共和國暨香港特別行政區政府
B. 香港經濟特區
C. 香港特別行政區政府
D. 中國香港

14. 香港特別行政區政府的代表，可作為中華人民共和國政府代表團的成員，參加由中央人民政府進行的同香港特別行政區直接有關的____。

A. 貿易談判
B. 外交談判
C. 經濟談判
D. 國際談判

15. 基本法的修改權屬於全國人民代表大會。基本法的任何修改，均不得_______相抵觸。

A. 同中華人民共和國憲法相抵觸
B. 同國法
C. 同中華人民共和國對香港既定的基本方針政策相抵觸
D. 同香港特別行政區平衡法相抵觸

練習（四）答案：

1. B	2. C	3. B	4. C	5. D
6. C	7. A	8. B	9. D	10. C
11. A	12. C	13. D	14. B	15. C

重點練習(五)

1. 根據中華人民共和國憲法，全國人民代表大會特制定＿＿＿＿＿，規定香港特別行政區實行的制度。

A. 中華人民共和國憲法
B. 中華人民共和國香港特別行政區基本法
C. 香港特別行政區回歸法
D. 一國兩制

2. 香港特別行政區政府負責維持香港特別行政區的社會治安。

中央人民政府派駐香港特別行政區負責防務的軍隊不干預香港特別行政區的地方事務。

香港特別行政區負責防務的軍隊不干預香港特別行政區的地方事務。香港特別行政區政府在必要時，可向中央人民政府請求駐軍協助＿＿＿＿＿。

A. 處理社會出現動亂
B. 處理一國兩制事務
C. 恢復香港特別行政區秩序
D. 維持社會治安和救助災害

3. 中國其他地區的人進入香港特別行政區須辦理批准手續，其中進入香港特別行政區定居的人數是由＿＿＿。

A. 立法會決定
B. 香港特別行政區政府決定
C. 全國人民代表大會常務委員會
D. 中央人民政府主管部門徵求香港特別行政區政府的意見後確定

4. 香港特別行政區應自行立法禁止任何叛國、分裂國家、煽動叛亂、顛覆中央人民政府及_____行為，禁止外國的政治性組織或團體在香港特別行政區進行政治活動，禁止香港特別行政區的政治性組織或團體與外國的政治性組織或團體建立聯繫。

A. 干擾外交事務
B. 評論國際事務
C. 竊取國家機密
D. 違反外交特權

5. 香港特別行政區居民（簡稱香港居民）包括永久性居民和非永久性居民。

下列哪一項敍述並非香港特別行政區永久性居民：

A. 在香港特別行政區成立以前或以後在香港出生的中國公民
B. 在香港特別行政區成立以前或以後在香港通常居住連續七年以上的中國公民
C. 上述A、B兩項所列居民在香港以外所生的中國籍子女
D. 在香港通常居住，並以香港為永久居住地的非中國籍的人仕

6. 下列哪一項是基本法規定香港居民的自由權利？

A. 實行計劃生育是國家的基本國策
B. 控制人口增長不至過速，鼓勵一孩政策
C. 婚姻自由和自願生育
D. 婚姻締結是為了生育合法的兒女

7. **香港特別行政區行政長官由年滿四十周歲，在香港通常居住連續滿二十年並在______的香港特別行政區永久性居民中的中國公民擔任。**

A. 透過委任程序後
B. 集體推舉後
C. 外國無居留權
D. 中央人民政府指示下

8. **下列哪一項並不是基本法規定賦予香港特別行政區行政長官所行使之職權？**

A. 簽署立法會通過的法案，公佈法律
B. 處理請願、申訴事項
C. 任命特別行政區之主要官員
D. 領導香港特別行政區政府

9. **香港特別行政區行政長官短期不能履行職務時，由政務司長、財政司長、律政司長依次臨時代理其職務。**

根據人大釋法之內容，在行政長官缺位時，應在_____內依本法第四十五條的規定產生新的行政長官。行政長官缺位期間的職務代理，依照上款規定辦理。

A. 四個月
B. 五個月
C. 六個月
D. 七個月

10. 下列哪項並不是基本法規定賦予香港特別行政區立法會所行使之職權：

A. 根據本法規定並依照法定程序制定、修改和廢除法律

B. 根據政府的提案，審核、通過財政預算

C. 批准稅收和公共開支

D. 向行政長官建議免除終審法院法官和高等法院首席法官的任免

11. 根據《基本法》的規定，香港原有的陪審制度的原則___。

A. 建議修改　　B. 予以廢除

C. 予以保留　　D. 保留部份

12. 香港特別行政區依法保護私人和法人財產的取得、使用、處置和繼承的權利，以及依法徵用私人和法人財產時被徵用財產的所有人得到補償的權利。

徵用財產的補償應相當於該財產當時的_________，可自由兌換，不得無故遲延支付。

A. 土地使用價值後才作出徵用補償

B. 按比例價值

C. 部份價值

D. 實際價值

13. 香港特別行政區政府制定適當政策，促進和協調製造業、商業、旅遊業、房地產業、運輸業、公用事業、服務性行業、漁農業等各行業的發展，並注意____。

A. 環境保護　　B. 土地保護

C. 歷史文物保護　　D. 倡導及保護兒童

14. 根據《基本法》的規定，下列哪一項陳述並不正確？

外國在香港特別行政區設立領事機構或其他官方、半官方機構，須經中央人民政府批准。

A. 已同中華人民共和國建立正式外交關係的國家在香港設立的領事機構和其他官方機構，可予保留

B. 尚未同中華人民共和國建立正式外交關係的國家在香港設立的領事機構和其他官方機構，可根據情況允許保留或改為半官方機構

C. 尚未為中華人民共和國承認的國家，只能在香港特別行政區設立民間機構

D. 尚未為中華人民共和國承認的國家，將會逐步在香港特別行政區設立民間機構

15. 根據《基本法》的規定，香港特別行政區行政長官的產生辦法在二〇〇七年以後各任行政長官的產生辦法如需修改，須經立法會全體議員_______多數通過，行政長官同意，並報全國人民代表大會常務委員會批准。

A. 一半以上

B. 三分之二

C. 功能團體選舉的四分之一

D. 分區直接選舉的四分之一

練習（五）答案：

1. B	2. D	3. D	4. C	5. D
6. C	7. C	8. C	9. C	10. D
11. C	12.D	13. A	14. D	15. B

重點練習(六)

1. 香港特別行政區依法保障＿＿＿的權利和自由。

A. 香港特別行政區市民和其他人
B. 香港特別行政區居民和遊客
C. 香港特別行政區居民和其他人
D. 香港特別行政區永久性居民和其他人

2. 全國人民代表大會常務委員會在徵詢其所屬的香港特別行政區基本法委員會後，如認為香港特別行政區立法機關制定的任何法律不符合本法關於中央管理的事務及中央和香港特別行政區的關係的條款，可將有關法律＿＿＿，但不作修改。

A. 取消
B. 中止
C. 發回
D. 擱置

3. 如香港決定宣布戰爭狀態或因香港特別行政區內發生不能控制的危及國家統一或安全的動亂而決定香港特別行政區進入緊急狀態，下列哪一個機構可發布命令將有關全國性法律在香港特別行政區實施？

A. 外交部駐港特派員公署
B. 中央人民政府
C. 全國人民代表大會
D. 全國人民代表大會常務委員會

4. 香港特別行政區應自行立法禁止任何叛國、分裂國家、煽動叛亂、顛覆中央人民政府及竊取國家機密的行為，禁止外國的政治性組織或團體在香港特別行政區進行政治活動，禁止____建立聯繫。

A. 香港特別行政區的商業性組織或團體與外國的政治性組織或團體建立聯繫
B. 香港特別行政區的政治性組織或團體與外國的政治性組織或團體建立聯繫
C. 香港特別行政區的政治性組織或團體與外國的教育性組織或團體建立聯繫
D. 香港特別行政區的地區性組織或團體與外國的政治性組織或團體建立聯繫

5. 香港特別行政區居民，包括永久性居民和非永久性居民。下列哪項不是香港特別行政區永久性居民？

A. 在香港特別行政區成立以前或以後持有效旅行證件進入香港、在香港通常居住連續七年以上並以香港為永久居住地的非中國籍的人
B. 在香港特別行政區成立以前或以後第（A）項所列居民在香港所生的未滿二十一周歲的子女
C. 在香港特別行政區成立以前或以後第（A）項所列居民在香港所生的未滿十八周歲的子女
D. 在香港特別行政區成立以前或以後在香港出生的中國公民

6. 根據《基本法》第三十條，下列哪項不是香港居民的基本權利和自由？

A. 退休保障計劃
B. 通訊自由
C. 通訊秘密
D. 出入境的自由

7. 香港特別行政區行政長官在當地通過選舉或協商產生，由中央人民政府任命。行政長官的產生辦法根據香港特別行政區的實際情況和循序漸進的原則而規定，最終達至由一個有廣泛代表性的提名委員會按____程序提名後普選產生的目標。

A. 公平程序
B. 正確程序
C. 民主程序
D. 提名程序

8. 行政長官在作下列哪項決策時，須徵詢行政會議的意見？

A. 人事任免
B. 紀律制裁
C. 緊急情況下採取的措施
D. 制定附屬法規

9. 香港特別行政區終審法院的首席法官，只有在下列哪個情況下，行政長官才可以予以免職？

A. 行政長官可以任命不少於五名當地法官組成的審議庭進行審議，並可根據其建議，予以免職。

B. 行政長官在徵得立法會同意後，並報全國人民代表大會常務委員會備案，可予以免職。

C. 無力履行職責或行為不檢

D. 行政長官可以根據行政程序，予以免職。

10. 下列哪一項並不是香港特別行政區內「非政權性的區域組織」，接受香港特別行政區政府就有關地區管理和其他事務的諮詢，所負責提供的_____服務？

A. 文化

B. 康樂

C. 環境衛生

D. 勞工運輸

11. 香港特別行政區的外匯基金，由香港特別行政區政府管理和支配，主要用於：

A. 操控境外資產的規範運作

B. 策略性投資期貨市場

C. 購買其他國家之國債

D. 調節港元匯價

12. 除______進入香港特別行政區須經中央人民政府特別許可外，其他船舶可根據香港特別行政區法律進出其港口。

A. 中國註冊船隻　　B. 中國軍用船隻
C. 外國商用船隻　　D. 外國軍用船隻

13. 香港特別行政區法院在審理案件時對基本法關於香港特別行政區自治範圍內的條款可以自行解釋，原因是：

A. 香港特別行政區法院享有獨立的司法管轄權
B. 實現一個國家，兩種制度的方針
C. 實行高度自治的表現
D. 獲得全國人民代表大會常務委員會之授權

14. 二〇〇七年以後各任行政長官的產生辦法如需修改，須經立法會全體議員三分之二多數通過，______同意，並報_________批准。

A. 行政長官、中央人民政府
B. 行政長官、全國人民代表大會常務委員會
C. 立法會主席、全國人民代表大會常務委員會
D. 立法會主席、中央人民政府

15. 下列哪一項，香港特別行政區是不可以自行參與？

A. 教育項目　　B. 科學項目
C. 環保項目　　D. 文化項目

練習（六）答案：

1. C	2. C	3. B	4. B	5. C
6. A	7. C	8. D	9. C	10. D
11. D	12. D	13. D	14. B	15. C

重點練習(七)

1. 根據中華人民共和國憲法,全國人民代表大會制定＿＿＿＿＿,規定香港特別行政區實行的制度,以保障國家對香港的基本方針政策的實施。

   A. 香港立法會條例草案
   B. 香港特別行政區法律
   C. 中華人民共和國香港特別行政區基本法
   D. 香港特別行政區憲法

2. 根據《基本法》第三條,香港特別行政區的行政機關和立法機關是由＿＿＿照本法有關規定組成。

   A. 香港永久性居民和非永久性居民
   B. 香港永久性居民和非永久性公民
   C. 香港永久性居民
   D. 香港非永久性居民

3. 列於《基本法》附件三之法律,根據《基本法》第十八條,全國人民代表大會常務委員會徵詢其所屬的＿＿＿後,可對列於《基本法》附件三的法律作出增減?

   A. 香港特別行政區政府的意見
   B. 香港特別行政區立法會的意見
   C. 香港特別行政區行政會議的意見
   D. 香港特別行政區基本法委員會和香港特別行政區政府的意見

4. 根據《基本法》第二十四條，香港特別行政區居民，簡稱香港居民，包括：

A. 永久性居民
B. 非永久性居民
C. 永久性居民和非永久性居民
D. 按指定計劃安排獲准來港的人士

5. 根據《基本法》第三十一條，下列哪項並不是香港居民有在香港特別行政區境內所享有的自由？

A. 移居其他國家和地區的自由
B. 旅行和出入境的自由
C. 在香港特別行政區境內遷徙的自由
D. 離開香港特別行政區，須獲得簽證

6. 根據《基本法》第四十八條，香港特別行政區行政長官不可以行使下列哪項職權？

A. 批准向立法會提出有關財政收入或支出的動議
B. 根據安全和重大公共利益的考慮，決定政府官員或其他負責政府公務的人員是否向立法會或其屬下的委員會作證和提供證據
C. 赦免或減輕刑事罪犯的刑罰
D. 處理外交事務

7. 根據《基本法》第六十四條，下列哪項並不是香港特別行政區政府必須遵守的法律？

A. 執行立法會通過並已生效的法律
B. 定期向立法會作施政報告
C. 答覆立法會議員的質詢
D. 徵税和公共開支須無需經立法會批准

8. 根據《基本法》第六十七條，香港特別行政區立法會由在外國無居留權的香港特別行政區永久性居民中的中國公民組成。但非中國籍的香港特別行政區永久性居民和在外國有居留權的香港特別行政區永久性居民也可以當選為香港特別行政區立法會議員，其所佔比例不得超過立法會全體議員的________。

   A. 百分之十
   B. 百分之二十
   C. 百分之三十
   D. 百分之四十

9. 根據《基本法》第七十二條，下列哪項並不是香港特別行政區立法會主席所行使之職權？

   A. 決定開會時間
   B. 在休會期間可召開特別會議
   C. 應行政長官的要求召開緊急會議
   D. 決定立法會議員的誓詞是否有錯誤

10. 根據《基本法》第八十九條，香港特別行政區法院的法官只有在下列哪項情況，才予以免職？

   A. 放棄永久性居民的身份
   B. 欠債而且無力償還
   C. 行為不檢
   D. 違反誓言

11. 根據《基本法》第一百零五條，下列哪項是香港特別行政區依法徵用私人和法人財產時被徵用財產的所有人應得到補償的權利？

A. 徵用財產的補償應相當於該財產當時的潛在價值
B. 徵用財產的補償不得無故遲延支付
C. 徵用財產的補償，需要繳付1%的稅項與香港特別行政區政府
D. 徵用財產的補償，不得自由兌換

12. 下列哪項，香港特別行政區並不可以單獨地同世界各國、各地區及有關國際組織保持和發展關係，簽訂和履行有關協議？

A. 通訊
B. 航運
C. 民生
D. 體育

13. 二○○七年以後各任行政長官的產生辦法如需修改，須經立法會全體議員三分之二多數通過，行政長官同意，並報________批准？

A. 立法會
B. 中央人民政府
C. 全國政協委員會
D. 全國人民代表大會常務委員會

14. 根據《基本法》第一百五十八條，全國人民代表大會常務委員會授權香港特別行政區法院在審理案件時對本法關於香港特別行政區自治範圍內的條款自行解釋。但如香港特別行政區法院在審理案件時需要對本法關於中央人民政府管理的事務或中央和香港特別行政區關係的條款進行解釋，而該條款的解釋又影響到案件的判決，在對該案件作出不可上訴的終局判決前，應由香港特別行政區終審法院請全國人民代表大會常務委員會對有關條款作出解釋。如全國人民代表大會常務委員會作出解釋，香港特別行政區法院在引用該條款時，應以全國人民代表大會常務委員會的解釋為準。但在此以前作出的判決_____？

A. 不受影響
B. 應以全國人民代表大會常務委員會的解釋作出修改
C. 須經香港特別行政區終審法院作出修改
D. 須經香港特別行政區終審法院理解全國人民代表大會常務委員會的解釋後再作決定

15. 根據《基本法》附件一，香港特別行政區行政長官的產生辦法是由一個具有廣泛代表性的選舉委員會根據本法選出，由中央人民政府任命。選舉委員會委員共800人，由工商、金融界、專業界、勞工、社會服務、宗教等界、立法會議員、區域性組織代表、以及______人士所組成？

A. 香港地區政黨的組織代表
B. 新界鄉村土地原居民的組織代表
C. 香港區議會的組織代表
D. 香港地區全國人大代表、香港地區全國政協委員的代表

練習（七）答案：

1. C	2. C	3. D	4. C	5. D
6. D	7. D	8. B	9. D	10. C
11. B	12. C	13. D	14. A	15. D

重點練習（八）

1. 香港特別行政區的土地和自然資源收入？

A. 需要上繳中央
B. 部份收益需要上繳中央
C. 不需要上繳中央，除非是售賣土地的收益
D. 不需要上繳中央

2. 香港特別行政區的區旗是？

A. 五星花蕊的紫荊花紅旗
B. 六星花蕊的紫荊花紅旗
C. 五金星型花蕊的紫荊花紅旗
D. 六金星型花蕊的紫荊花紅旗

3. 下列哪一條列於《基本法》附件三之全國性法律，並不會在香港特別行政區實施？

A. 《中華人民共和國國旗法》
B. 《中華人民共和國國家憲法》
C. 《關於中華人民共和國國慶日的決議》
D. 《中華人民共和國專屬經濟區和大陸架法》

4. 根據《基本法》第二十三條，香港特別行政區應自行立法禁止：

A. 任何叛國
B. 分裂國家
C. 危及國家安全
D. 顛覆中央人民政府

5. 根據《基本法》第三十五條，下列哪項並不是香港居民可以享有的權利？

A. 秘密法律諮詢
B. 向法院提起訴訟
C. 選擇律師保護自己的違法行為
D. 有權對政府行政部門和行政人員的行為向法院提起訴訟

6. 根據甚麼條例，新界原居民的權益會受香港特別行政區的保護？

A. 根據大清律例
B. 根據基本法
C. 根據中華人民共和國憲法
D. 根據合法傳統權益

7. 根據《基本法》第四十五條，香港特別行政區的行政長官是由誰任命？

A. 全國人民代表大會
B. 中央人民政府
C. 國務院
D. 香港特首辦公室

8. 下列哪項並不是香港特別行政區行政長官所行使的職權？

A. 簽署立法會通過的財政預算案，將財政預算、決算報中央人民政府備案
B. 決定政府政策和發佈行政命令
C. 依照法定程序任免各級法院法官
D. 聘請主要官員

9. 香港特別行政區行政長官如認為立法會通過的______不符合香港特別行政區的整體利益，可在三個月內將法案發回立法會重議？

A. 基本法　　B. 憲法

C. 法案　　D. 條例

10. 香港特別行政區的主要官員由在香港通常居住連續滿十五年並在外國無居留權的香港特別行政區永久性居民中的中國公民擔任。

根據《基本法》第六十一條，下列哪位官員，並不需要在外國無居留權的永久性居民中的中國公民擔任？

A. 警務處處長　　B. 保安局局長

C. 政務司司長　　D. 申訴專員

11. 根據《基本法》第六十三條，下列哪一項是負責主管香港特別行政區之刑事檢察工作，不受任何干涉？

A. 律政司

B. 警務處

C. 廉政公署

D. 以上各項皆是

12. 香港特別行政區立法會舉行會議的法定人數為不少於_______的二分之一。

A. 功能團體選舉產生的議員

B. 分區直接選舉的議員

C. 選舉委員會選舉產生的議員

D. 全體議員

13. 香港特別行政區經中央人民政府授權繼續進行船舶登記，並根據香港特別行政區的法律以_____的名義頒發有關證件。

A. 中國　　B. 香港
C. 香港特區　　D. 中國香港

14. 香港特別行政區不可以在下列領域中，以「中國香港」的名義，單獨地同世界各國、各地區及有關國際組織保持和發展關係，簽訂和履行有關協議。

A. 經濟　　B. 旅遊
C. 體育　　D. 環保

15. 下列有哪些全國性法律，是自一九九七年七月一日起由香港特別行政區在當地公佈或立法實施？

A. 關於中華人民共和國國徽的決議、關於中華人民共和國國慶日的決議、中華人民共和國國籍法、中華人民共和國國旗法
B. 中華人民共和國政府關於領海的聲明、中華人民共和國外交特權與豁免條例、中華人民共和國領事特權與豁免條例、中華人民共和國國徽法
C. 中華人民共和國領海和毗連區法、中華人民共和國海洋法、中華人民共和國香港特別行政區駐軍法、中華人民共和國專屬經濟區和大陸架法
D. 關於中華人民共和國國慶日的決議、中華人民共和國國徽法、中華人民共和國海洋法、中華人民共和國領海和毗連區法

練習（八）答案：

1. D	2. A	3. B	4. C	5. C
6. D	7. B	8. D	9. C	10. D
11. A	12. D	13. D	14. D	15. B

重點練習(九)

1. 香港特別行政區的區徽中間為：

A. 五星花蕊的紫荊花
B. 六星花蕊的紫荊花
C. 五金星型花蕊的紫荊花
D. 六金星型花蕊的紫荊花

2. 根據《基本法》第八條，下列哪項並不是香港原有法律，經香港特別行政區的立法機關作出修改者外，予以保留？

A. 普通法、衡平法
B. 條例、附屬立法
C. 習慣法
D. 英國國會法

3. 全國人民代表大會常務委員會在徵詢其所屬的香港特別行政區基本法委員會後，如認為香港特別行政區立法機關制定的任何法律______________及中央和香港特別行政區的關係的條款，可將有關法律發回，但不作修改。

A. 不符合本法關於國務院管理的事務
B. 不符合本法關於中央管理的事務
C. 不符合本法關於人民政府管理的事務
D. 不符合本法關於全國人民代表大會管理的事務

4. 根據《基本法》第十九條，香港特別行政區法院對下列哪一項沒有管轄權？

A. 中央人民政府之對外事項
B. 國防、外交等國家行為
C. 中央人民政府之行政事項
D. 香港特別行政區對外之事務

5. 根據《基本法》第二十六條，香港特別行政區永久性居民依法享有________。

A. 言論自由的權
B. 選舉權和被選舉權
C. 自由生育的權
D. 出入境自由的權

6. 根據《基本法》第二十八條，對香港居民的人身自由不受侵犯，規定：

A. 禁止任意或非法搜查居民的身體
B. 剝奪或限制居民的人身自由
C. 禁止對居民施行酷刑
D. 任意或非法剝奪居民的財產

7. 根據《基本法》第四十八條，香港特別行政區行政長官不可以行使下列哪項職權？

A. 依照法定程序任免各級法院法官
B. 聘任主要官員
C. 執行中央人民政府就本法規定的有關事務發出的指令
D. 代表香港特別行政區政府處理中央授權的對外事務和其他事務

8. 根據《基本法》第六十條，下列哪個職位並不是香港特別行政區政府設立？

A. 政務司
B. 財政司
C. 律政司
D. 民政司

9. 根據《基本法》第七十二條，下列哪項並不是香港特別行政區立法會主席所行使之職權？

A. 主持會議
B. 決定立法會議員在會議時的衣著
C. 決定議程，政府提出的議案須優先列入議程
D. 決定開會時間

10. 香港特別行政區法院的法官只有在下列哪種情況，才可予以免職？

A. 破產
B. 判錯案
C. 干犯刑事罪及坐監超過一個月
D. 無力履行職責

11. 香港特別行政區行政長官在就職時，必須依法宣誓擁護：

A. 《基本法》
B. 《中華人民共和國憲法》
C. 「一個國家，兩種制度」的方針
D. 《中華人民共和國香港特別行政區基本法》

12. 香港特別行政區的外匯基金，由________管理和支配，主要用於調節港元匯價。

A. 中央人民政府　　B. 中國人民銀行
C. 國務院　　D. 香港特別行政區政府

13. 香港特別行政區可以用下列哪一項的名義參加《關稅和貿易總協定》、關於國際紡織品貿易安排等有關國際組織和國際貿易協定，包括優惠貿易安排？

A. 香港特別行政區
B. 香港政府
C. 香港經濟貿易辦事處
D. 中國香港

14. 香港特別行政區政府的代表，可作為中華人民共和國政府代表團的_____________，參加由中央人民政府進行的同香港特別行政區直接有關的外交談判。

A. 觀察員　　B. 成員
C. 團員　　D. 委員

15. 根據《基本法》附件三的法律是：

A. 中華人民共和國憲法
B. 中華人民共和國刑法
C. 中華人民共和國國法
D. 在香港特別行政區實施的全國性法律

練習（九）答案：

1. A	2. D	3. B	4. B	5. B
6. D	7. B	8. D	9. B	10. D
11. D	12. D	13. D	14. B	15. D

重點練習(十)

1. 香港特別行政區依法保障________的權利和自由。

   A. 香港特別行政區市民和其他人
   B. 香港特別行政區居民和遊客
   C. 香港特別行政區居民和其他人
   D. 香港特別行政區永久性居民和其他人

2. 香港特別行政區享有立法權。香港特別行政區的立法機關制定的法律須報全國人民代表大會常務委員會備案。備案不影響該法律的生效。

   全國人民代表大會常務委員會在徵詢其所屬的香港特別行政區基本法委員會後，如認為香港特別行政區立法機關制定的任何法律不符合本法關於中央管理的事務及中央和香港特別行政區的關係的條款，可將________。經全國人民代表大會常務委員會發回的法律立即失效。該法律的失效，除香港特別行政區的法律另有規定外，無溯及力。

   A. 可將有關法律發回，再作修改
   B. 可將有關法律發回，但不作修改
   C. 可將有關法律發回，然後存檔
   D. 可將有關法律發回，稍為修改

3. 根據《基本法》第八條，如香港決定宣布戰爭狀態或因香港特別行政區內發生不能控制的危及國家統一或安全的動亂而決定香港特別行政區進入緊急狀態，下列哪個機構可發布命令將有關全國性法律在香港特別行政區實施？

A. 外交部駐港特派員公署
B. 中央人民政府
C. 全國人民代表大會
D. 全國人民代表大會常務委員會

4. 香港特別行政區應自行立法禁止任何叛國、分裂國家、煽動叛亂、顛覆中央人民政府及竊取國家機密的行為，禁止＿＿＿＿＿＿＿在香港特別行政區進行政治活動，禁止香港特別行政區的政治性組織或團體與外國的政治性組織或團體建立聯繫。

A. 商業性組織或團體
B. 政治性組織或團體
C. 外國的政治性組織或團體
D. 地區性組織或團體

5. 根據《基本法》第二十四條，香港特別行政區居民（簡稱香港居民）是包括：

A. 永久性居民
B. 非永久性居民
C. 永久性居民和非永久性居民
D. 按指定計劃安排獲准來港的人士

6. 根據《基本法》第三十條，香港居民的通訊自由和通訊秘密受法律的保護。除因公共安全和追查刑事犯罪的需要，由有關機關依照法律程序對通訊進行檢查外，任何部門或個人不得以任何理由侵犯居民下列哪項的基本權利和自由？

A. 出入境的自由
B. 通訊自由和通訊秘密
C. 遊行集會
D. 出席示威活動

7. 香港特別行政區行政長官在當地通過選舉或協商產生，由中央人民政府任命。行政長官的產生辦法根據香港特別行政區的實際情況和循序漸進的原則而規定，最終達至由一個有廣泛代表性的提名委員會按____程序提名後普選產生的目標。

A. 公平程序
B. 正確程序
C. 民主程序
D. 提名程序

8. 香港特別行政區行政會議由行政長官主持。行政長官在作出下列決策時，須徵詢行政會議的意見。

A. 人事任免
B. 紀律制裁
C. 緊急情況下採取的措施
D. 制定附屬法規

9. 根據《基本法》第九十七條，香港特別行政區可設立_______組織，接受香港特別行政區政府就有關地區管理和其他事務的諮詢，或負責提供文化、康樂、環境衛生等服務。

A. 非地區代表性的區域組織
B. 具地區代表性的區域組織
C. 非政權性的區域組織
D. 具政權性的區域組織

10. 香港特別行政區政府可任用原香港公務人員中的或持有香港特別行政區永久性居民身分證的英籍和其他外籍人士擔任政府部門的各級公務人員，但下列哪個官員並不須由在外國無居留權的香港特別行政區永久性居民中的中國公民擔任？

A. 警務處處長
B. 海關關長
C. 入境事務處處長
D. 申訴專員

11. 香港特別行政區的外匯基金，由香港特別行政區政府管理和支配，主要用於_______。

A. 操控境外資產的規範運作
B. 策略性投資期貨市場
C. 購買其他國家之國債
D. 調節港元匯價

12. 除__________進入香港特別行政區須經中央人民政府特別許可外，其他船舶可根據香港特別行政區法律進出其港口。

A. 中國註冊船隻　B. 中國軍用船隻
C. 外國商用船隻　D. 外國軍用船隻

13. 香港特別行政區政府在原有社會福利制度的基礎上，根據__________，自行制定其發展、改進的政策。

A. 財政預算　B. 施政報告
C. 民意調查　D. 社經條件和需要

14. 香港特別行政區法院在審理案件時對基本法關於香港特別行政區自治範圍內的條款可以自行解釋，原因是？

A. 香港特別行政區法院享有獨立的司法管轄權
B. 實現一個國家，兩種制度的方針
C. 實行高度自治的表現
D. 獲得全國人民代表大會常務委員會之授權

15. 根據《基本法》附件一，香港特別行政區行政長官的產生辦法，二〇〇七年以後各任行政長官的產生辦法如需修改，須經立法會全體議員三分之二多數通過，______同意，並報__________批准。

A. 行政長官、中央人民政府
B. 行政長官、全國人民代表大會常務委員會
C. 立法會主席、全國人民代表大會常務委員會
D. 立法會主席、中央人民政府

練習（十）答案：

1. C	2. B	3. B	4. C	5. C
6. B	7. C	8. D	9. C	10. D
11. D	12. D	13. D	14. D	15. B

重點練習（十一）

1. 香港自古以來就是中國的領土，一八四〇年鴉片戰爭以後被英國佔領。一九八四年十二月十九日，中英兩國政府簽署了＿＿＿＿＿＿＿＿＿，確認中華人民共和國政府於一九九七年七月一日恢復對香港行使主權，從而實現了長期以來中國人民收回香港的共同願望。

   A. 關於香港問題的的諒解備忘錄
   B. 關於香港問題的聯合聲明
   C. 關於香港問題的雙邊互換協議
   D. 關於香港問題的互換協定備忘錄

2. 香港特別行政區的行政機關和立法機關是由＿＿＿照本法有關規定組成。

   A. 香港永久性居民和非永久性居民
   B. 香港永久性居民和非永久性公民
   C. 香港永久性居民
   D. 香港非永久性居民

3. 全國人民代表大會常務委員會在徵詢其所屬的香港特別行政區基本法委員會後，如認為香港特別行政區立法機關制定的任何法律不符合本法關於中央管理的事務及中央和香港特別行政區的關係的條款，可將有關法律發回，但不作修改。經全國人民代表大會常務委員會發回的法律立即失效。該法律的失效，＿＿＿＿＿＿＿。

A. 除香港特別行政區的法律另有規定外，有一般的溯及力。

B. 除香港特別行政區的法律另有規定外，沒有溯及力。

C. 除香港特別行政區的法律另有規定外，具有溯及力。

D. 除香港特別行政區的法律另有規定外，無溯及力。

4. 在香港特別行政區實行的法律為本法以及本法第八條規定的香港原有法律和香港特別行政區立法機關制定的法律。

全國性法律除列於本法附件三者外，不在香港特別行政區實施。凡列於本法附件三之法律，由香港特別行政區在當地公布或立法實施。

全國人民代表大會常務委員會在徵詢其所屬的香港特別行政區基本法委員會和香港特別行政區政府的意見後，可對列於本法附件三的法律作出增減，任何列入附件三的法律，限於有關＿＿＿＿＿。

A. 不屬於香港特別行政區自治範圍的法律。

B. 香港特別行政區自治範圍的法律。

C. 國防、外交和其他按本法規定不屬於香港特別行政區自治範圍的法律。

D. 國防、外交和維護國家的法律。

5. 根據《基本法》第三十一條，下列哪一項並不是香港居民，有在香港特別行政區境內所享有的自由？

A. 移居其他國家和地區的自由

B. 旅行和出入境的自由

C. 在香港特別行政區境內遷徙的自由

D. 離開香港特別行政區，須獲得簽證

6. 根據《基本法》第四十八條，香港特別行政區行政長官不可以行使下列哪項職權？

A. 批准向立法會提出有關財政收入或支出的動議

B. 根據安全和重大公共利益的考慮，決定政府官員或其他負責政府公務的人員是否向立法會或其屬下的委員會作證和提供證據

C. 赦免或減輕刑事罪犯的刑罰

D. 聘任主要官員

7. 下列哪項並不是香港特別行政區政府必須遵守的法律？

A. 執行立法會通過並已生效的法律

B. 定期向立法會作施政報告

C. 答覆立法會議員的質詢

D. 接受香港居民申訴並作出處理

8. 香港特別行政區立法會由在外國無居留權的香港特別行政區永久性居民中的中國公民組成。但非中國籍的香港特別行政區永久性居民和在外國有居留權的香港特別行政區永久性居民也可以當選為香港特別行政區立法會議員，其所佔比例不得超過立法會全體議員的___。

A. 百分之十　　B. 百分之二十

C. 百分之三十　　D. 百分之四十

9. 下列哪項並不是香港特別行政區立法會主席所行使之職權？

A. 決定開會時間

B. 在休會期間可召開特別會議

C. 應行政長官的要求召開緊急會議

D. 立法會議員在就職宣誓儀式上宣讀的誓詞是否正確

10. 香港特別行政區法院的法官只有在下列哪種情況才可被免職？

A. 欠債

B. 判錯案

C. 放棄居港權

D. 無力履行職責或行為不檢

11. 公務人員應根據其本人的______以任用和提升，香港原有關於公務人員的招聘、僱用、考核、紀律、培訓和管理的制度，包括負責公務人員的任用、薪金、服務條件的專門機構，除有關給予外籍人員特權待遇的規定外，予以保留。

A. 才能、資格和經驗

B. 資格、經驗和才能

C. 學歷、經驗和才能

D. 才能、學歷和經驗

12. 香港特別行政區依法保護私人和法人財產的取得、使用、處置和繼承的權利，以及依法徵用私人和法人財產時被徵用財產的所有人得到補償的權利。

徵用財產的補償應相當於該財產當時的________，可自由兌換，不得無故遲延支付。

A. 實際價值
B. 潛在價值
C. 利得價值
D. 估計價值

13. 根據《基本法》第一百五十八條，全國人民代表大會常務委員會授權香港特別行政區法院在審理案件時對本法關於香港特別行政區自治範圍內的條款自行解釋，但如香港特別行政區法院在審理案件時需要對本法關於中央人民政府管理的事務或中央和香港特別行政區關係的條款進行解釋，而該條款的解釋又影響到案件的判決，在對該案件作出不可上訴的終局判決前，應由香港特別行政區終審法院請全國人民代表大會常務委員會對有關條款作出解釋。如全國人民代表大會常務委員會作出解釋，香港特別行政區法院在引用該條款時，應以全國人民代表大會常務委員會的解釋為準。但在此以前作出的判決_____？

A. 不受影響
B. 應以全國人民代表大會常務委員會的解釋作出修改
C. 須經香港特別行政區終審法院作出修改
D. 須經香港特別行政區終審法院理解全國人民代表大會常務委員會的解釋後再作決定

14. 二〇〇七年以後各任行政長官的產生辦法如需修改，須經立法會全體議員三分之二多數通過，行政長官同意並報________批准？

A. 立法會　　　　B. 中央人民政府

C. 全國政協委員會　　　　D. 全國人大常務委員會

15. 根據《基本法》中全國人民代表大會關於香港特別行政區第一屆政府和立法會產生辦法的決定（1990年4月4日第七屆全國人民代表大會第三次會議通過）香港特別行政區籌備委員會負責籌組香港特別行政區第一屆政府推選委員會（以下簡稱推選委員會）。

推選委員會全部由香港永久性居民組成，必須具有廣泛代表性，成員包括全國人民代表大會香港地區代表、香港地區全國政協委員的代表、香港特別行政區成立前曾在香港行政、立法、諮詢機構任職並有實際經驗的人士和各階層、界別中具有代表性的人士。

推選委員會由400人組成，比例如下：

工商、金融界

專業界

勞工、基層、宗教等界 以及

A. 原政界人士、香港地區全國人大代表、香港地區全國政協委員的代表

B. 區域性組織代表

C. 新界地區組織代表

D. 鄉議局的代表

練習（十一）答案：

1. B	2. C	3. D	4. C	5. D
6. D	7. D	8. B	9. D	10. D
11. B	12. A	13. A	14. D	15. A

重點練習（十二）

1. 根據《基本法》第八條，下列哪一項並不是香港原有法律，經香港特別行政區的立法機關作出修改者外，予以保留？

A. 普通法、衡平法
B. 英國國會法
C. 條例、附屬立法
D. 習慣法

2. 香港特別行政區的區旗有哪些特徵？

A. 五星花蕊、紫荊花、紅色旗
B. 五星花蕊、洋金菊花、紅色旗
C. 五星花蕊、紫荊花、橙色旗
D. 五星花蕊、紫荊花、藍色旗

3. 中央人民政府負責管理與香港特別行政區有關的外交事務。____在香港設立機構處理外交事務。中央人民政府授權香港特別行政區依照本法自行處理有關的對外事務。

A. 中央人民政府
B. 全國人民代表大會
C. 國務院
D. 中華人民共和國外交部

4. 全國人民代表大會常務委員會在徵詢其所屬的香港特別行政區基本法委員會後，如認為香港特別行政區立法機關制定的任何法律________及中央和香港特別行政區的關係的條款，可將有關法律發回，但不作修改。

A. 不符合本法關於國務院管理的事務
B. 不符合本法關於人民政府管理的事務
C. 不符合本法關於中央管理的事務
D. 不符合本法關於全國人民代表大會管理的事務

5. 香港特別行政區永久性居民依法享有____。

A. 選舉權和被選舉權
B. 選舉權
C. 提名權和被提名權
D. 選舉權、被選舉權、提名權和被提名權

6. 根據《基本法》第四十八條，以下哪項並屬於行政長官所行使的職權？

A. 決定政府政策和發佈行政命令
B. 批准向立法會提出有關財政收入或支出的動議
C. 委任三分之一的立法會議員
D. 赦免或減輕刑事罪犯的刑罰

7. 根據基本法《第六十條》，下列哪個職位並不是香港特別行政區政府設立之職位？

A. 政務司
B. 財政司
C. 律政司
D. 民政司

8. 根據《基本法》第七十二條，下列哪項並不是香港特別行政區「立法會主席」所行使之職權？

A. 主持會議
B. 決定議程，政府提出的議案須優先列入議程
C. 決定立法會議員在會議時的衣著
D. 決定開會時間

9. 香港特別行政區法院的法官只有在________或行為不檢的情況下，行政長官才可根據終審法院首席法官任命的不少於三名當地法官組成的審議庭的建議，予以免職。

A. 錯判案件
B. 判案時言論失當
C. 經驗不足
D. 無力履行職責

10. 香港特別行政區行政長官，就職時必須依法宣誓擁護：

A. 《基本法》
B. 「一個國家，兩種制度」的方針
C. 《中華人民共和國憲法》
D. 《中華人民共和國香港特別行政區基本法》

11. 根據《基本法》第一百一十三條，香港特別行政區的外匯基金，由_______管理和支配，主要用於調節港元匯價。

A. 香港特別行政區政府
B. 中央人民政府
C. 中央銀行
D. 金融管理局

12. 根據《基本法》第一百一十六條香港特別行政區為單獨的關税地區。香港特別行政區可以什麼名義參加《關税和貿易總協定》、關於國際紡織品貿易安排等有關國際組織和國際貿易協定，包括優惠貿易安排？

A. 中華人民共和國暨香港特別行政區政府
B. 中國香港
C. 香港經濟特區
D. 香港特別行政區政府

13. 香港特別行政區政府的代表，可作為中華人民共和國政府代表團的成員，參加由中央人民政府進行的同香港特別行政區直接有關的____。

A. 貿易談判
B. 經濟談判
C. 國際談判
D. 外交談判

14. 根據《基本法》第一百五十一條，香港特別行政區不可以在下列領域中，以「中國香港」的名義，單獨地同世界各國、各地區及有關國際組織保持和發展關係，簽訂和履行有關協議。

A. 環保
B. 經濟
C. 旅遊
D. 體育

15. 下列哪條列於《基本法》附件三之全國性法律，並不會在香港特別行政區實施？

A. 《中華人民共和國國旗法》
B. 《關於中華人民共和國國慶日的決議》
C. 《中華人民共和國國家憲法》
D. 《中華人民共和國專屬經濟區和大陸架法》

練習（十二）答案：
1-5: BADCA 6-10: CDCDD 11-15: ABDAC

重點練習(十三)

1. 中央人民政府負責管理與香港特別行政區有關的外交事務。____在香港設立機構處理外交事務。中央人民政府授權香港特別行政區依照本法自行處理有關的對外事務。

A. 中央人民政府
B. 全國人民代表大會
C. 國務院
D. 中華人民共和國外交部

2. 香港特別行政區的土地和自然資源收入？

A. 需上繳中央
B. 部份收益需上繳中央
C. 不需上繳中央
D. 不需上繳中央，除非是售賣土地的收益

3. 中國其他地區的人進入香港特別行政區須辦理批准手續，其中進入香港特別行政區定居的人數是由____。

A. 立法會決定
B. 全國人民代表大會常務委員會
C. 香港特別行政區政府決定
D. 中央人民政府主管部門徵求香港特別行政區政府的意見後確定

4. 在香港特別行政區境內的香港居民以外的其他人，依法享有本章規定的香港居民的___。

A. 權利　　B. 自由
C. 自由和權利　　D. 權利和自由

5. 根據《基本法》第二十四條，香港特別行政區居民（簡稱香港居民）乃包括：

A. 永久性居民
B. 永久性居民和非永久性居民
C. 非永久性居民
D. 按指定計劃安排獲准來港的人士

6. 根據《基本法》第二十六條，香港特別行政區永久性居民依法享有______權。

A. 自由生育的權　　B. 言論自由的權
C. 出入境自由的權　　D. 選舉權和被選舉權

7. 根據《基本法》第四十三條，香港特別行政區行政長官是____的首長，代表____。香港特別行政區行政長官依照本法的規定對中央人民政府和香港特別行政區負責。

A. 香港特別行政區政府、香港特別行政區
B. 香港特別行政區、香港特別行政區
C. 香港特別行政區政府、香港特別行政區政府
D. 香港特別行政區、香港特別行政區政府

8. 公務人員應根據其本人的__予以任用和提升，香港原有關於公務人員的招聘、僱用、考核、紀律、培訓和管理的制度，包括負責公務人員的任用、薪金、服務條件的專門機構，除有關給予外籍人員特權待遇的規定外，予以保留。

A. 才能、資格和經驗
B. 學歷、經驗和才能
C. 資格、經驗和才能
D. 才能、學歷和經驗

9. 根據《基本法》第一百零五條，香港特別行政區依法保護____財產的取得、使用、處置和繼承的權利，以及依法徵用私人和法人財產時被徵用財產的所有人得到補償的權利。徵用財產的補償應相當於該財產當時的實際價值，可自由兑換，不得無故遲延支付。

A. 私人
B. 私人、法人和團體
C. 私人和法人
D. 個人、法人和團體

10. 各類院校均可保留其____，可繼續從香港特別行政區以外招聘教職員和選用教材。宗教組織所辦的學校可繼續提供宗教教育，包括開設宗教課程。

A. 學術自由並享有獨立性
B. 自主性並享有學術自由
C. 學術自由並享有自主性
D. 獨立性並享有學術自由

11. 根據《基本法》第十條，香港特別行政區區旗有甚麼特徵？

A. 五星花蕊、洋金菊花、紅色旗
B. 五星花蕊、紫荊花、紅色旗
C. 五星花蕊、紫荊花、藍色旗
D. 五星花蕊、紫荊花、橙色旗

12. 根據《基本法》第一百三十四條，中央人民政府授權香港特別行政區政府：

同其他當局商談並簽訂有關執行本法第一百三十三條所指民用航空運輸協定和臨時協議的各項安排；

對在香港特別行政區註冊並以香港為主要營業地的航空公司簽發執照；

依照本法第一百三十三條所指民用航空運輸協定和臨時協議指定航空公司；

對外國航空公司除_____的航班以外的其他航班簽發許可證。

A. 往返、經停中國內地
B. 往返中國內地主要城市
C. 往返中國內地
D. 往返、經停中國內地主要城市

13. 香港特別行政區的教育、科學、技術、文化、藝術、體育、專業、醫療衛生、勞工、社會福利、社會工作等方面的民間團體和宗教組織同內地相應的團體和組織的關係，應以____的原則為基礎。

A. 互相尊重、互不干涉和互不隸屬
B. 互相尊重、互不隸屬和互不干涉
C. 互不干涉、互不隸屬和互相尊重
D. 互不隸屬、互不干涉和互相尊重

14. 根據《基本法》第一百五十七條，下列哪項陳述並不正確？

外國在香港特別行政區設立領事機構或其他官方、半官方機構，須經中央人民政府批准。

A. 已同中華人民共和國建立正式外交關係的國家在香港設立的領事機構和其他官方機構，可予保留
B. 尚未同中華人民共和國建立正式外交關係的國家在香港設立的領事機構和其他官方機構，可根據情況允許保留或改為半官方機構
C. 尚未為中華人民共和國承認的國家，將會逐步在香港特別行政區設立民間機構
D. 尚未為中華人民共和國承認的國家，只能在香港特別行政區設立民間機構

15. 根據《基本法》附件二：香港特別行政區立法會的產生辦法和表決程序二、立法會對法案、議案的表決程序，除本法另有規定外，香港特別行政區立法會對法案和議案的表決採取下列程序：

政府提出的法案，如獲得出席會議的全體議員的過半數票，即為通過。立法會議員個人提出的議案、法案和對政府法案的修正案均須分別經功能團體選舉產生的議員和分區直接選舉、選舉委員會選舉產生的議員兩部分出席會議議員____通過。

A. 全體
B. 各過半數
C. 各過三分之二多數
D. 各過四分之三多數

練習（十三）答案：

1. D	2. C	3. D	4. D	5. B
6. D	7. B	8. C	9. C	10. B
11. B	12. A	13. D	14. C	15. B

重點練習(十四)

1. 根據《基本法》第六十七條，香港特別行政區立法會由在外國無居留權的香港特別行政區永久性居民中的中國公民組成。但非中國籍的香港特別行政區永久性居民和在外國有居留權的香港特別行政區永久性居民也可以當選為香港特別行政區立法會議員，其所佔比例不得超過立法會全體議員的___。

   A. 百分之十
   B. 百分之二十
   C. 百分之三十
   D. 百分之四十

2. 香港特別行政區境內的土地和自然資源屬於國家所有，由香港特別行政區政府負責管理、使用、開發、出租或批給____使用或開發，其收入全歸香港特別行政區政府支配。

   A. 個人
   B. 個人、法人
   C. 個人、法人或團體
   D. 私人、法人或團體

3. 根據《基本法》第二十二條，中國其他地區的人進入香港特別行政區須辦理批准手續，其中進入香港特別行政區定居的人數是由____。

   A. 立法會決定
   B. 香港特別行政區政府決定
   C. 全國人民代表大會常務委員會
   D. 中央人民政府主管部門徵求香港特別行政區政府的意見後確定

4. 根據《基本法》第三十五條，下列哪項並不是香港居民可以享有的權利？

A. 選擇律師及時保護自己的違法行為

B. 有權對政府行政部門和行政人員的行為向法院提起訴訟

C. 秘密法律諮詢

D. 向法院提起訴訟

5. 根據《基本法》第四十五條，香港特別行政區行政長官在當地通過選舉或協商產生，由中央人民政府任命。行政長官的產生辦法根據香港特別行政區的實際情況和循序漸進的原則而規定，最終達至由一個有廣泛代表性的提名委員會按____程序提名後普選產生的目標。

A. 正確程序

B. 公平程序

C. 提名程序

D. 民主程序

6. 根據《基本法》第五十六條，香港特別行政區行政會議由行政長官主持。

行政長官在作下列哪項決策時，須徵詢行政會議的意見？

A. 人事任免

B. 制定附屬法規

C. 紀律制裁

D. 緊急情況下採取的措施

7. 香港特別行政區的主要官員由在香港通常居住連續滿十五年並在外國無居留權的香港特別行政區永久性居民中的中國公民擔任。

根據《基本法》第六十一條，下列哪位官員並不需要在外國無居留權的永久性居民中的中國公民擔任？

A. 政務司司長　B. 申訴專員
C. 警務處處長　D. 保安局局長

8. 公務人員應根據其本人的______以任用和提升，香港原有關於公務人員的招聘、僱用、考核、紀律、培訓和管理的制度，包括負責公務人員的任用、薪金、服務條件的專門機構，除有關給予外籍人員特權待遇的規定外，予以保留。

A. 學歷、經驗和才能　B. 資格、經驗和才能
C. 才能、資格和經驗　D. 才能、學歷和經驗

9. 香港特別行政區成立前已批出、決定、或續期的超越一九九七年六月三十日年期的所有土地契約和與土地契約有關的一切權利，均按香港特別行政區的法律繼續_____。

A. 予以承認　B. 予以承認和保護
C. 有效　D. 承認和有效

10. 根據《基本法》第一百三十七條，各類院校均可保留其____，可繼續從香港特別行政區以外招聘教職員和選用教材。宗教組織所辦的學校可繼續提供宗教教育，包括開設宗教課程。

A. 學術自由並享有獨立性
B. 學術自由並享有自主性
C. 獨立性並享有學術自由
D. 自主性並享有學術自由

11. 根據《基本法》的規定，下列哪一項陳述並不正確？

外國在香港特別行政區設立領事機構或其他官方、半官方機構，須經中央人民政府批准。

A. 已同中華人民共和國建立正式外交關係的國家在香港設立的領事機構和其他官方機構，可予保留。
B. 尚未同中華人民共和國建立正式外交關係的國家在香港設立的領事機構和其他官方機構，可根據情況允許保留或改為半官方機構。
C. 尚未為中華人民共和國承認的國家，只能在香港特別行政區設立民間機構。
D. 尚未為中華人民共和國承認的國家，將會逐步在香港特別行政區設立民間機構。

12. 香港特別行政區「行政長官」如認為立法會通過的法案不符合香港特別行政區的整體利益，可在幾多個月內將法案發回立法會重議？

立法會如以不少於全體議員三分之二多數再次通過原案，行政長官必須在一個月內簽署公佈或按本法第五十條的規定處理。

A. 一個月
B.兩個月
C. 三個月
D.四個月

13. 香港特別行政區行政長官由誰任命？

A. 立法會主席
B. 行政會主席
C. 終審法院
D. 中央人民政府

14. 根據《基本法》第二十三條，香港特別行政區應自行立法禁止＿＿＿＿＿行為，禁止外國的政治性組織或團體在香港特別行政區進行政治活動，禁止香港特別行政區的政治性組織或團體與外國的政治性組織或團體建立聯繫。

A. 任何叛國、分裂國家、煽動叛亂、顛覆中央人民政府及竊取國家機密的行為，
B. 任何叛國、煽動叛亂、顛覆中央人民政府及竊取國家機密的行為，
C. 分裂國家、煽動叛亂、顛覆中央人民政府及竊取國家機密的行為，
D. 顛覆中央人民政府及竊取國家機密的行為。

15. 根據《基本法》附件三，在香港特別行政區實施的全國性法律，下列有哪些全國性法律，是自一九九七年七月一日起由香港特別行政區在當地公佈或立法實施？

A. 關於中華人民共和國國慶日的決議、中華人民共和國國徽法、中華人民共和國海洋法、中華人民共和國領海和毗連區法
B. 關於中華人民共和國國徽的決議、關於中華人民共和國國慶日的決議、中華人民共和國國籍法、中華人民共和國國旗法
C. 中華人民共和國國徽法、中華人民共和國政府關於領海的聲明、中華人民共和國外交特權與豁免條例、中華人民共和國領事特權與豁免條例
D. 中華人民共和國領海和毗連區法、中華人民共和國海洋法、中華人民共和國香港特別行政區駐軍法、中華人民共和國專屬經濟區和大陸架法

練習（十四）答案：

1. B	2. C	3. D	4. A	5. D
6. B	7. B	8. B	9. B	10. D
11. D	12. C	13. D	14. A	15. C

PART V 補充練習 101

1. 香港司法獨立和終審權會經常受到人大常委會解釋所影響嗎？

A. 必定會有所影響

B. 不會，終審法院需要時才會提請人大解釋

C. 如果港區人大代表聯署要求時

2. 根據《基本法》規定，「基本法委員會」具有什麼作用？

A. 隨時就《基本法》出現的漏洞進行修改

B. 對全國人大與香港特別行政區立法會不相符的法律進行研究

C. 為中港兩地對《基本法》有疑問者作出解決

3. 香港特別行政區政府對1997年前，港英當局修改制定的法律如何處理？

A. 不承認港英選舉法

B. 只有違反中英聯合聲明、破壞基本法者不予承認

C. 全部承認

4. 根據《基本法》的規定，下列哪些是香港特別行政區政府行使的職權之一？

A. 制定並執行政策，管理各項行政事務

B. 擬定並提出法案，議案，附屬法規

C. 以上兩者皆是

5. 如果說「香港特別行政區分別設立廉政公署和審計署，各自獨立工作，都對行政長官負責」，對嗎？

A. 對

B. 不對

C. 只成立廉政公署，沒有設立審計署

6. 中國國籍法在香港特別行政區實施有何規定？

A. 承認雙重國籍及在進入特區時申報國籍

B. 在進入特區時不需時申報國籍以及承認過去英國政府實行的「居英權」計劃

C. 雙重國籍並不予承認，在進入特區時申報國籍及絕不承認英國政府的「居英權」計劃

7. 《基本法》對香港特別行政區稅收制度，作出了哪些規定？

A. 香港特別行政區政府必須要上繳百分之十九的稅收與中共中央政府

B. 香港特別行政區稅收制度及政策是由中共中央政府所制定

C. 香港特別行政區實行獨立的稅收政策

8. 根據《基本法》的規定，香港特別行政區對《基本法》的解釋權由誰擁有？

A. 香港特別行政區之終審法院

B. 全國人民代表大會之常務委員會

C. 香港特別行政區之立法會委員會

9. 根據《基本法》所規定，香港特別行政區政府和其他國家簽訂「關貿協定」所用的名稱是：

A. 香港特別行政區貿易促進局

B. 香港特別行政區政府關貿協定委員會

C. 中國香港

10. 中國內地人民對於遵守《基本法》的規定是甚麼？

A. 中國內地人如果觸犯《基本法》是可以豁免起訴相關之罪行

B. 中國內地人同樣也要遵守《基本法》

C. 中國內地人如在香港特別行政區犯法，必需要送回中國內地依法辦理

11. 根據《基本法》的規定，對回歸後香港特別行政區居民移民外國的規定是怎樣的？

A. 必須向政制事務局以及保安局申請才可移民外國

B. 香港特別行政區居民是有移民外國的自由

C. 香港特別行政區居民的遷徙及移民會受到部份形式之限制

12. 根據《基本法》的規定，在回歸後，香港特別行政區的教育團體與中國國內相關的部門有何從屬關係？

A. 全部均是隸屬中央政府的教育部

B. 香港教育團體其實是隸屬於全國的總工會

C. 兩者互不隸屬

13. 制定《基本法》並賦予香港特別行政區高度自治的是屬於哪個國家機構？

A. 中華人民共和國共產黨中央委員會

B. 全國人民代表大會

C. 中共中央政治局常委會

14. 香港特別行政區的區旗是由甚麼顏色組成？

A. 紅和黑　　B. 紅和白　　C. 紅和黃

15. 根據《基本法》中所指，對於中央政府各部門和省、市、自治區自行來港設立機構有何規範？

A. 是可以來香港設立機構

B. 是必須經過香港特別行政區政府所批准

C. 是不可能自行來香港設立機構

16. 香港特別行政區回歸後，中國內地邊防艦艇如果需要在執行任務之中，進入香港香港特別行政區的水域範圍時，會有甚麼規定？

A. 中國內地邊防艦艇為追截可疑船隻時，是可以進入特別行政區的水域範圍內

B. 任何內地邊防艦艇，均不得隨意進入香港特別行政區的水域範圍

C. 內地邊防艦艇在任何時間裡，只要是在執行任務之中，都可以進入香港特別行政區的水域範圍

17. 下列哪項不屬於香港特別行政區政府行政長官的職權？

A. 監督及指揮駐港解放軍部隊

B. 公佈香港特別行政區之法律

C. 任免香港特別行政區政府的公職人員

18. 為甚麼香港特別行政區政府行政長官必須對中央和特政府負責？

A. 香港特別行政區是享譽世界之城市

B. 根據《基本法》規定，行政長官是不能使香港特區外匯虧損

C. 行政長官是代表香港特別行政區的最高級首長

19. 非中華人民共和國籍人士的香港永久性居民，在進入香港特區政府工作，《基本法》之中作出何種規定？

A. 其必需要擁有專業的技術
B. 是可以進入香港特區政府工作
C. 如果是屬於臨時性質的工作，則可以擔任

20. 根據《基本法》的規定，對於香港居民出入境規定的條文是甚麼？

A. 香港居民只可以限量移居外國
B. 香港居民出入境只限持有香港特區護照
C. 香港居民是享有出入境自由

21. 居住及生活在香港幾代的少數族裔人士，主要屬於哪類？

A. 英法籍人士　B. 印巴籍人士　C. 菲律賓籍傭工

22. 根據《基本法》的規定，「香港原有的社會制度不變」是指甚麼？

A. 是指擁有私有財產的制度不變
B. 是指香港特別行政區成立前一切行之有效的措施與制度均會五十年不變
C. 是指香港原居民的福利制度亦不會改變

23. 觸犯內地法律的香港人，應受到怎樣的對待？

A. 會引渡回香港受審判
B. 會即時逮解出境
C. 由內地法律裁判

24. 根據《基本法》的規定，中華人民共和國的銀行將會干預香港金融管理局的日常運作嗎？

A. 決不會干預香港金融管理局的日常運作
B. 是有權干預香港金管局的運作
C. 在香港金融管理局管理不善時會作出干預

25. 港商如果在中國內地投資，能否享有外資優惠？

A. 須看港商的投資項目而決定
B. 港商是不能繼續享有外資優惠
C. 港商能夠繼續享有外資優惠

26. 根據《基本法》的規定，對香港原有或未來擁有私人財產者，主要受哪些法規保護？

A. 根據《基本法》第105條，明文規定須保障私有財產
B. 香港房地產法
C. 香港私有財產法

27. 香港特別行政區學校的教學活動方面，對於使用普通話有何規定？

A. 必須規定使用普通話進行教學
B. 必須規定使用普通話和英語進行教學
C. 在教學活動方面，並沒有規定

28. 根據國家憲法的規定，每年哪月哪日是中華人民共和國的國慶日？

A. 1月1日　B. 7月1日　C. 10月1日

29. 中央政府如何對待香港特別行政區的藝術創作？

A. 動員香港特別行政區文藝工作者，為中國作出全面貢獻

B. 中央政府黨不會干預藝術創作所自由

C. 中央政府希望香港特別行政區能夠為國家創作好的藝術作品

30. 根據《基本法》，香港特別行政區對於信仰自由的規定是怎樣的？

A. 只會推崇信仰佛教及道教

B. 只會鼓勵信仰天主教、基督教及密宗教

C. 信仰自由是不會受到干預

31. 香港特別行政區在1997年回歸後，對宗教團體所舉辦教育的一般規定是甚麼？

A. 宗教團體」可以舉辦教育

B. 只限舉辦中等程度的教育

C. 只限辦神學院的教育

32. 香港特別行政區與內地的宗教團體聯合組團，加入國際宗教組織及參加會議如何處理？

A. 是可以聯合組團加入國際宗教組織或參加會議

B. 是須要國際宗教組織批准

C. 是不可以聯合組團加入國際宗教組織或參加會議

33. 香港自古以來屬於哪個國家的領土？

A. 英國及西班牙　　B. 中國　　C. 法國及日本

34. 人民解放軍駐港部隊於何時進駐香港特別行政區？

A. 1997年6月1日
B. 1997年6月30日
C. 1997年7月1日

35. 人民解放軍駐港部隊與香港特別行政區政府是如何維持關係？

A. 兩者是互相聯繫，互相合作
B. 人民解放軍駐港部隊須履行防務責任，兩者並且互不隸屬，互不干預
C. 兩者同樣直屬於中央政府領導，而彼此保持良好關係

36. 人民解放軍駐港部隊的日常開支由誰負擔？

A. 由香港特別行政區政府及香港市民的稅收所負擔
B. 中央人民政府與香港特別行政區政府各佔一半負擔
C. 由中央人民政府所負擔

37. 自從1997年回歸之後，外國駐港領事機構的設立，為何須由中央政府決定和批准呢？

A. 根據《基本法》規定，香港特別行政區有關外交事務的管理權，是必須交由中央決定和批准
B. 因為中央政府有足夠人手，亦有經驗豐富人才處理
C. 為了預防外國恐怖勢力會以設立機構為名，並且從事破壞香港特別行政區繁榮和穩定

38. 3條不平等條約中之《展拓香港界址專條》於何年簽訂？

A. 1897年　　B. 1898年　　C. 1899年

39. 香港特別行政區區徽周圍寫有甚麼文字？

A. 中華人民共和國政府
B. 香港特別行政區政府
C. 中華人民共和國香港特別行政區、HONG KONG

40. 制定《基本法》有甚麼作用？

A. 保證一國兩制的實施
B. 資本主義能夠順利過渡到社會主義
C. 延續港英政府的法治制度

41. 香港特別行政區與內地為甚麼仍然需要維持邊境管理制度呢？

A. 因為中港兩地制度不同
B. 其實邊境管理制度是可有可無，並且是形同虛設
C. 因為內地賊人越境犯案越來越多

42. 《基本法》如何規範香港特別行政區與外國的政治性組織組成團體聯繫？

A. 《基本法》中並沒有限制
B. 必需向香港特別行政區行政長官申請
C. 是完全禁止聯繫

43. 《基本法》對香港特別行政區的文化政策制訂的規定是甚麼？

A. 可以自行制訂文化政策
B. 文化政策須由中央人民政府所制訂
C. 文學藝術的成果則不受保障

44. 《基本法》的修改權屬誰？

A. 全國人民代表大會
B. 香港特區政府行政會議
C. 香港立法會

45. 在一國兩制中，香港特別行政區所奉行的是甚麼制度？

A. 社會主義制度
B. 和平主義制度
C. 資本主義制度

46. 香港特別行政區所擁有的自治權並不包括下列哪項？

A. 外交權　B. 行政管理權　C. 立法權

47. 行政長官每年均須要向立法會提交下列哪項報告？

A. 財政預算案
B. 施政報告
C. 社會福利預算案

48. 根據《基本法》的規定，立法會議員是如何產生？

A. 通過委任產生
B. 通過面試產生
C. 通過選舉產生

49. 《中英聯合聲明》於何年簽署？

A. 1982年　B. 1983年　C. 1984年

50. 哪個組織負責《基本法》的諮詢工作？

A. 基本法委員會
B. 基本法起草委員會
C. 基本法諮詢委員會

51. 假如全國人大常委要增減《基本法》內訂明於香港實施的全國性法律，必須徵詢哪些機構的意見？

（1）國務院港澳辦 （2）基本法委員會
（3）香港特別行政區政府

A. 只有（2） B.（1）和（2）
C.（2）和（3）

52. 在全中國的法律制度裡，有甚麼法律高級於《基本法》？

A. 中國基本法律
B. 中國《憲法》
C. 國務院法規

53. 在《基本法》裡，以下哪項權利是香港特別行政區永久性居民所擁有，而非永久性居民則沒有的？

A. 免費法律諮詢及提出訴訟
B. 選舉及被選舉權
C. 結社及言論自由

54. 香港特別行政區行政長官和行政機關的主要官員究竟是由誰來任命？

A. 香港特別行政區行政長官
B. 立法會議員及行政會議成員
C. 中央人民政府

55. 香港特別行政區的主要官員，必須具備以下哪項條件？

A. 在香港通常居住連續滿7年，並且在外國並無居留權的香港特別行政區永久性居民中的中國公民所擔任

B. 在香港通常居住連續滿15年，並且在外國並無居留權的香港特別行政區永久性居民中的中國公民所擔任

C. 在香港通常居住連續滿20年，並且在外國並無居留權的香港特別行政區永久性居民中的中國公民所擔任

56. 香港特別行政區的立法機關所制定的法律，必須告知哪級的國家機關備案？

A. 全國人民代表大會常務委員會

B. 國務院

C. 最高人民法院

57. 下列哪一句說話才正確？

A. 外國可以自由在香港特別行政區設立領事機構或其他官方、半官方機構，不需要中央人民政府批准

B. 外國在香港特別行政區設立領事機構或其他官方、半官方機構，必須要經過中央人民政府批准

C. 外國不能在香港特別行政區設立領事機構或官方、半官方機構

58. 香港特別行政區可與全國其他地區的甚麼部門，通過協商依法進行司法方面的聯繫和相互提供協助？

A. 司法機構和當地政府

B. 司法機構

C. 立法機構和司法機構

59. 根據《基本法》第104條的規定，下列哪些人員在就職時，毋須依法宣誓擁護《基本法》？

（1）立法會議員　（2）區議會議員
（3）公務員　（4）法院法官

A. 1和3　B. 3和4　C. 2和3

60. 自從2007年以後，香港特別行政區行政長官的產生辦法如果需修改，必須經過下列哪些程序？

（1）必須經過立法會全體議員三分之二多數通過
（2）必須經過「行政長官」的同意
（3）必須報全國人民代表大會常務委員會備案
（4）必須報全國人民代表大會常委員會批准

A. 1和3　B. 1、2和3　C. 1、2和4

61. 根據《基本法》第115條的規定，香港特別行政區實行自由貿易政策，主要是要保障下列哪項流動自由？

（1）資金　（2）貨物
（3）無形財產　（4）資本

A. 2、3和4
B. 1、2和3
C. 1、2、3和4

62. 原舊批約地段、鄉村屋地、丁屋地和類似的農村土地，如該土地在1984年6月30日的承租人，或在該日以後批出的丁屋地承租人，其父系為哪一年在香港的原有鄉村居民，只要該土地的承租人仍為該人或其合法父系繼承人，原定租金可以維持不變？

A. 1840年　B. 1860年　C. 1898年

63. 香港特別行政區行政長官在下列哪些情況下，必須徵詢行政會議的意見？

（1）作出重要決策
（2）委任高級公務員
（3）緊急情況下採取的措施
（4）向立法會提交法案

A. （1）和（4）
B. （1）、（2）和（3）
C. （1）、（2）、（3）和（4）

64. 根據《基本法》附件三的規定，下列哪些不是現時香港特別行政區公布或立法實施的全國性法律？

（1）中央人民政府公佈中華人民共和國國徽的命令
（2）中華人民共和國領海及毗連區法
（3）中華人民共和國憲法
（4）中華人民共和國國籍法
（5）中華人民共和國專屬經濟區和大陸架法

A. 2和4　　B. 1和4　　C. 1、2和5

65. 香港特別行政區最高的上訴法院，究竟是哪個法院？

A. 裁判法院　　B. 終審法院　　C. 高等法院

66. 在香港特區立法機關制定法律備案方面，如全國人民代表大會常務委員會認為香港特別行政區立法機關制定的任何法律不符合基本法關於中央管理的事務及中央和香港特別行政區的關係的條款，可將有關法律怎樣處理？

A. 發回或修改　　B. 發回　　C. 發回但不作修改

67. 行政長官如認為立法會通過的法案並不符合香港特別行政區的整體利益，可以在多少時間內將有關之法案發回立法會重議，立法會如以不少於全體議員多少比例的多數再次通過原案，「行政長官」必須在多少時間內簽署公佈又或者按《基本法》第50條的規定作出處理？

A. 六個月、三分之二、三個月

B. 三個月、三分之二、一個月

C. 三個月、全體、三個月

68. 根據《基本法》的規定，香港特區立法會舉行會議的法定人數，是全體議員的多少呢？

A. 全體議員的三分一

B. 全體議員的二分一

C. 全體議員的三分二

69. 香港特別行政區政府駐北京辦事處隸屬於哪個政策局？

A. 律政司司長辦公室

B. 中央政策組

C. 政制及內地事務局

70. 香港特別行政區政府，是否可以向中國內地招募並不是香港特區永久性居民，作為本港之公務員？

A. 是可以

B. 是不可以

C. 會視乎香港特區政府的實際情況而訂定

71. 如何在香港特別行政區內實施全國性之法律？

A. 須由人大公布，香港特別行政區行政長官公布予以實施

B. 由香港特別行政區在當地公布或立法實施

C. 立法會制定相應法律，並由人大公佈

72. 全國人大常委會對《基本法》作出解釋後，會對香港特別行政區法院的判決有甚麼影響？

A. 香港特別行政區的法院引用該條款應以人大常委會的解釋為準

B. 在解釋以前作出的判決不受影響

C. 香港特別行政區法院引用該條款應以人大常委會的解釋為準；但解釋以前作出的判決不受影響

73. 香港特別行政區哪位官員，才是香港特別行政區的首長？

A. 行政長官　　B. 政務司司長　　C. 立法會主席

74. 香港特別行政區行政長官如果於短期內不能履行職務時，依次會由政府哪些官員臨時代理職務？

A. 政務司司長、律政司司長、財政司司長

B. 政務司司長、財政司司長、律政司司長

C. 律政司司長、政務司司長、財政司司長

75. 根據《基本法》的規定，香港特別行政區立法會主席是怎樣產生？

A. 由行政長官委任

B. 由行政長官推薦

C. 由立法會議員互選產生

76. 香港特別行政區法院的法官，根據獨立委員會推薦是由哪位香港特區官員任命？

A. 由行政長官任命

B. 由律政司司長任命

C. 由終審庭首席大法官任命

77. 滿清政府於哪場戰爭中被英國戰敗，更被迫簽訂「不平等條約」，永遠割讓香港島？

A. 在第一次鴉片戰爭中

B. 在第二次鴉片戰爭中

C. 在甲午戰爭中

78. 根據《基本法》的規定，中華人民共和國政府對香港特別行政區的基本方針政策是甚麼？

A. 香港特別行政區政府直轄於中央人民政府

B. 香港特別行政區政府直轄於國務院

C. 香港特別行政區政府直轄於國家領導人

79. 自從1997年香港回歸後，香港特別行政區是如何與外國保持和發展關係？

A. 從1997年香港回歸後，香港是不能夠再與外國組織聯繫

B. 在一定條件下，以「中國香港」的名義與外國聯繫

C. 只能夠單獨與有外交關係的國家組織保持發展關係

80. **凡持有BNO證件的香港中華人民共和國公民，在中國其他地區會有甚麼保障？**

A. 只能夠接受英國領事保護
B. 可享受中國及英國的領事同時保護
C. 不享受英國的領事保護

81. **《基本法》列明哪些人的合法傳統權益會受到香港特別行政區的保護？**

A. 新界農民　B. 新界原居民　C. 新界漁民

82. **香港特別行政區可依法徵用私人和法人財產，徵用財產的補償具體方案是甚麼？**

A. 應該相當於該財產當時的實際價值，並可自由兌換
B. 必須按照當時價值，折舊後的實際標準價值兌換
C. 必須按照當時價值折舊後的價值，並且以政府債券形式支付

83. **香港特別行政區在必要時，可以向中央人民政府請求駐港解放軍執行甚麼工作？**

A. 防止外來敵人之入侵
B. 參與香港社區義務工作發展之活動
C. 協助維持社會治安及救助災害

84. **香港特別行政區法院在審理案件時，有權對《基本法》關於香港特別行政區自治範圍內的條款自行解釋。究竟這是經哪個國家權力機關授權？**

A. 全國人民代表大會常務委員會
B. 全國人民代表大會
C. 中華人民共和國國務院

85. 根據《基本法》的規定，下列哪項之全國性法律適用於香港特別行政區？

A. 《中央人民政府公布中華人民共和國國徽的命令》
B. 《中華人民共和國國旗法》
C. 《中華人民共和國國徽法》

86. 全國人民代表大會香港區代表，必須符合下列哪項條件？

A. 香港居民　B. 中國公民　C. 以上皆是

87. 香港特別行政區行政長官依照《基本法》的規定，究竟是對誰負責？

A. 中央人民政府
B. 香港特別行政區
C. 以上兩者皆是

88. 根據《基本法》的規定，當香港特區行政長官於短期內，如果不能履行職務時，究竟誰人是第一位可以臨時代理其行政長官職務的特區政府官員？

A. 保安局局長
B. 財政司長或律政司司長
C. 政務司長

89. 根據《基本法》的規定，賦予香港特別行政區高度自治的權力的具體表現在於哪些方面？

A. 香港人的生活方式50年不變
B. 香港人可具有行政管理、立法權、獨立的司法權和終審權
C. 香港人會繼續享言論自由

90. 《基本法》對中央政府各部門和省、市、自治區自行來港設立機構有何規範？

A. 可以於任何的時間來港設立機構
B. 來港設立機構，必須經過香港特別行政區政府的批准
C. 不可能自行來港設立機構

91. 根據《基本法》第154條，中央政府授權香港特別行政區政府，可以簽發甚麼證件？

A. 港澳居民來往內地通行證
B. 特區護照
C. 雙程證

92. 根據《基本法》的規定，下列哪項國際公約適用於香港的有關規定是繼續有效？

A. 《公民權利和政治權利國際公約》
B. 《經濟、社會與文化權利的國際公約》
C. 上述皆是

93. 根據《基本法》，香港原有的哪些法律會不予以保留？

A. 與《基本法》相抵觸的原有法律
B. 經過香港特別行政區立法機構作出修改的法律
C. 以上兩者皆是

94. 根據《基本法》，香港特別行政區立法會主席行使的職權為何？

A. 在休會期間可召開特別會議
B. 議員提出議案優先列入議程
C. 決定開會日期

95. 以下哪個組織是協助香港特別行政區行政長官作決策？

A. 立法會
B. 行政會議
C. 終審法院

96. 香港特別行政區行政長官可行使下列哪項職權？

A. 赦免或減輕刑事罪犯的刑罰
B. 行政長官如依照法定程序，可以任免各級法院法官
C. 以上兩者皆可

97. 《基本法》對香港特別行政區市民的婚姻自由作出了何種規定？

A. 市民可以享有一夫多妻制度之權利
B. 市民可以享有一女侍二夫之權利
C. 實行婚姻自由之制度

98. 《基本法》對香港特別行政區的司法權作出何種規定？

A. 行使司法權須經中央批准
B. 由行政長官行使司法權
C. 香港特別行政區擁有獨立司法權

99. 《基本法》對制定香港特別行政區金融制度有何種規定？

A. 由中共中央決定金融制度的計劃
B. 與英聯邦國家共同金融制度的商訂
C. 香港特別行政區可以自行制定貨幣政策

100. 根據《基本法》，下列哪類人士才是香港永久性居民？

A. 持單程證來港居住的人士

B. 合法入境，並且連續居住在香港七年的人士

C. 持雙程證來香港居住的人士

101.《基本法》對新界原居民的傳統權益的規定是甚麼？

A. 廢除新界原居民重男輕女的傳統權益

B. 由原居民的宗族中的族長處理

C. 合法傳統權益受到保障

答案：

1. B	14. B	27. C	40. A	53. B	66. C	79. B	92. C
2. B	15. C	28. C	41. A	54. C	67. B	80. B	93. C
3. B	16. B	29. B	42. A	55. B	68. B	81. B	94. A
4. C	17. A	30. C	43. A	56. A	69. C	82. A	95. B
5. A	18. C	31. A	44. A	57. B	70. B	83. C	96. C
6. C	19. B	32. A	45. C	58. B	71. B	84. A	97. C
7. C	20. C	33. B	46. A	59. C	72. C	85. A	98. C
8. B	21. B	34. C	47. B	60. C	73. A	86. C	99. C
9. C	22. B	35. B	48. C	61. A	74. B	87. C	100. B
10. B	23. C	36. C	49. C	62. C	75. C	88. C	101. C
11. B	24. A	37. A	50. C	63. A	76. A	89. B	
12. C	25. C	38. B	51. C	64. B	77. A	90. C	
13. B	26. A	39. C	52. B	65. B	78. A	91. B	

看得喜 放不低

創出喜閱新思維

書名	投考公務員 題解EASY PASS 基本法 第三版
ISBN	978-988-74807-0-9
定價	HK$128
出版日期	2021年3月
作者	Mark Sir
責任編輯	投考公務員系列編輯部
版面設計	陳沫
出版	文化會社有限公司
電郵	editor@culturecross.com
網址	www.culturecross.com
發行	香港聯合書刊物流有限公司 地址：香港新界大埔汀麗路36號中華商務印刷大廈3樓 電話：（852）2150 2100 傳真：（852）2407 3062